高高山頂立 深深海底行

拖延心理学

陈美锦 著

天 地 出 版 社 | TIANDI PRESS

图书在版编目（CIP）数据

拖延心理学 / 陈美锦著. —成都：天地出版社，2018.8（2019年重印）
ISBN 978-7-5455-3271-5

Ⅰ.①拖… Ⅱ.①陈… Ⅲ.①心理学—通俗读物 Ⅳ.①B84-49

中国版本图书馆CIP数据核字（2017）第248410号

拖延心理学
TUOYAN XINLIXUE

出 品 人	杨　政
著　　者	陈美锦
责任编辑	刘　倩
装帧设计	龙　柒
责任印制	葛红梅
出版发行	天地出版社 （成都市槐树街2号　邮政编码：610014）
网　　址	http://www.tiandiph.com http://www.天地出版社.com
电子邮箱	tiandicbs@vip.163.com
经　　销	新华文轩出版传媒股份有限公司
印　　刷	北京盛通印刷股份有限公司
版　　次	2018年8月第1版
印　　次	2019年9月第4次印刷
成品尺寸	146mm×210mm　1/32
印　　张	11
字　　数	276千字
定　　价	39.80元
书　　号	ISBN 978-7-5455-3271-5

版权所有◆违者必究
咨询电话：（028）87734639（总编室）
购书热线：（010）67693207（市场部）

本版图书凡印刷、装订错误，可及时向我社发行部调换

前　言

早上七点，闹钟响起，你心里想："再睡一小会儿吧，早饭吃快点就好了。"于是关掉闹钟。七点十分，闹钟又响了，你想："干脆不吃早饭了，多睡会儿。"于是又关掉闹钟。七点二十分，闹钟再次响起，这次你想都不想，直接关掉。一直拖到七点半，你只剩下穿衣服和坐车的时间了，于是不得不起床，脸都不洗就直接去上班。

起床困难，只是"拖延"最日常化的表现之一。在生活中的各个方面，我们都可以看到拖延的现象。垃圾拖着不扔，衣服拖着不洗，工作拖着不做……

有些人的拖延，已经成为生活的常态。一位资深拖延者说："我不是正在拖延，就是正计划着拖延。"拖到即将面对最后底线，才开始为此而焦急、恐慌。

目前，拖延症已经成为很多心理学家和管理学家的重点研究课题。学界已经给拖延下了明确定义：拖延是"以推迟的方式逃避执行任务或做决定的一种特质或行为倾向，是一种自我阻碍和功能紊乱行为"，而当拖延影响到情绪，比如产生强烈的内疚感、自责感、负罪感、焦虑感等负面情绪的时候，便成为拖延症。拖延症已经使很多人陷入困境。解决拖延症的一个关键，就是要改善情绪。

——好吧，这个问题说得过于严肃了，我们需要放松一下。

其实拖延也没那么可怕，多数人的拖延，都体现在生活或工作中的小事上，比如起床、扔垃圾，比如买东西，比如整理文件，比如做工作小结……这些问题一般不会产生太大的影响。但有些人的情况会严重些，在重大问题上也会拖延，这种情况就需要运用一些特定的方法来处理。不过再严重的情况，也无须担心，我们应该保持乐观的心态，总有解决问题的办法。我们这本书，就是专为解决拖延问题而生。书中介绍了拖延的表现和成因，也介绍了很多克服拖延的方法。看完这本书，你便可以根据自己的情况对症下药。

当然了，本书只负责开药，这服药你是立刻服下去，还是拖一段时间再服，需要由你自己决定。不过读完本书后，相信你会有办法让自己立刻服下去的。

目 录

绪 论 你真的有拖延症吗

人类历史有多久,拖延的历史就有多久 __ 003
拖延症对身心健康的影响 __ 006
不是所有的推迟都叫拖延 __ 008
为避免侵害而拖延,不是拖延症 __ 011
因反抗而拒绝行动,不是拖延症 __ 013
为报复而拖延,不是拖延症 __ 016

第一编 正视拖延

第一章 拖延症没那么可怕

不只你一个人在拖延 __ 023

强迫症也会导致拖延 —— 026
有的事情，搁置一下会消失 —— 030
尽管我拖延了一些事，但我完成了另一些事 —— 032
跟拖延者合作，并不那么糟糕 —— 034

第二章　病根不妨回童年去找

家庭榜样可能会挫败你，或带坏你 —— 039
有些深植于心的家庭观念，会让你裹足不前 —— 042
期望过高或过低，都可能引发拖延 —— 046
两种亲子关系引发拖延心理 —— 050
幼儿的自尊也需要保护 —— 053
注意力缺失，会引发拖延 —— 055
对注意力难以集中者的几点建议 —— 058

第三章　戳穿借口，让拖延失去理由

不要为拖延找借口 —— 063
压力之下，你绝不会表现更好 —— 066
"最后一刻"只能让你陷入被动 —— 069
你的工作压力真的那么大吗 —— 073
为拖延找借口，是一种"自我束缚" —— 077
为失败找借口，就是为行动添束缚 —— 080

第四章　克服拖延症的前期准备

改变，从接纳自己开始 —— 085

审视自我状态 — 088
仔细体会拖延的痛苦 — 091
拖延症不是一天养成，也无法一天克服 — 095
主动发出积极行动的信号 — 098

第二编　拖延分为哪些类型

第五章　决策型拖延

拿不定主意也是拖延 — 107
犹豫不决的性格是怎样形成的 — 111
不要老在潜意识里想着失败 — 115
怎样加强决断力 — 119

第六章　不良情绪引发的拖延

焦虑与拖延互为因果 — 123
懊悔和拖延有相关性 — 126
关注事情而非情绪 — 129
什么是"正念修行" — 132
用假想来激发正能量 — 134

第七章　追求完美造成的拖延

有些拖延"看上去很美" —— 139
什么样的完美主义者会拖延 —— 143
越拖延，越无法保证质量 —— 146
是什么信念让完美主义者拖延 —— 149
用成长的心态瓦解完美主义观念 —— 152
要体会努力过程中的美好 —— 154
每天进步一点点，克服完美主义 —— 157
不做完美主义者 —— 159

第八章　错误的"心理时间"导致拖延

什么是"心理时间" —— 165
每个人生阶段的时间感都可能引发拖延 —— 168
错误的时间感带来拖延 —— 171
沉溺于过去，是一种逃避 —— 174
管理好当下，过去和未来才有意义 —— 178
学会几个掌握时间的技巧 —— 181

第三编　治愈拖延症

第九章　你是否因恐惧而不敢行动

信心不足，会导致逃避型拖延 —— 189

害怕困难而拖延 —— 192
害怕失败导致拖延 —— 194
因恐惧未知，将乐趣拖延 —— 197
害怕人际关系改变，可能引发拖延 —— 200
战胜"害怕失败"的方法 —— 203

第十章　诱惑导致精力分散，造成拖延

大脑里面在打架，所以你动不起来 —— 209
你有多少时间被诱惑勾走了 —— 212
只顾眼前享受，让我们拖延 —— 215
我们该怎样抵挡诱惑 —— 217

第十一章　想要提升自己，拖延也是大敌

正确对待难题，避免半途而废 —— 223
克服考试、面试拖延 —— 225
克服写作论文的拖延症 —— 228
制订切实可行的学习计划，克服自学拖延 —— 231
给有上进心的拖延者的几点建议 —— 234

第十二章　心理享受程度高，做事就会积极

厌烦，会引发拖延 —— 239
激情，会消灭拖延 —— 242
将枯燥的工作兴趣化 —— 244
找一份自己喜欢的工作 —— 247

第十三章　用规划战胜拖延

设定目标，才有战胜拖延的斗志 — 253
严格按照计划表做事 — 257
建立固定的流程，让拖延无隙可乘 — 260
清除"刺激"，让拖延消弭于萌芽 — 263
用事务记录约束自己 — 266
有效利用等待的时间 — 269

第十四章　借助外力，计划更容易完成

孤军奋战，不如适当求助 — 275
找个好的倾诉对象 — 277
让家人监督自己 — 280
树立榜样或寻找对手——强化竞争意识 — 283
跟身边的拖延者沟通，避免被动拖延 — 286
借助外力，攻克自己不擅长的科目 — 289
改变环境有助于克服拖延 — 291
利用科技手段督促自己 — 293

第十五章　精力分配要有重点

时间和精力要用在关键处 — 297
拒绝没必要的事情 — 300
高效率做事 — 303
不得不拖延的时候，也要有成果 — 306

第十六章　在生活小事上培养干净利落的习惯

从生活小事入手改变自己 — 311
及时清理家中的杂物 — 313
家务不可拖 — 315
克服储蓄拖延，想办法存钱 — 318
按时缴费、还款 — 321
购买生活用品的一些建议 — 323

第十七章　休息和娱乐很重要

有时候，拖延是因为精力不足 — 327
走出"越拼命，越拖延"的怪圈 — 330
想拖延的时候，就去运动吧 — 333
计划一次旅行，不要嫌麻烦 — 335

绪 论

你真的有拖延症吗

人类历史有多久，拖延的历史就有多久

我们一再地被拖延折磨，可是我们又没有痛改前非。在探究拖延的过程中，我们不禁要问，我们为什么会拖延？人类的拖延是从哪里来的？我们沿着祖先的足迹可以找到一些线索。

四千年前，古埃及人用象形文字记载了"拖延"，这些记载着与"拖延"相关的文字往往与农业相关。

公元前440年，古希腊诗人赫西俄德在他的长诗中用到了"拖延"一词。他写道："任务不能推迟到明天或者下一个明天。懒汉的谷仓不会满，拖延的人饿肚子。勤劳者做事都顺利，拖延者什么也干不成。"

到了十六世纪，英语中出现了"拖延"这个词。1584年，著名剧作家罗比特·格林写的一段话，用到了"拖延"一词，他说："你会发现，拖延会带来危险，而且，在危急时刻的拖延更是会带来灾难。"

1751年，英国的大作家萨缪·约翰逊针对拖延写了一篇文章。《漫步者》周报发表了他的这篇文章。他认为拖延虽然会

被道德和理性所修正，但是它在人类的大脑中并没有消失。四年后，他把"拖延"一词纳入了英语大辞典。而今天，"拖延"一词已经成了常用词。

通过这些文字资料，就会发现"拖延"一直伴随着人类。那么我们的祖先为什么会拖延呢？

针对这个问题，德保尔大学的研究者也给出了答案。拖延是史前人类面临生存问题非常被动的选择。

早期人类一生都在竭力为了能生存下来做着斗争，生存面临的两大挑战就是饥饿和寒冷。相比之下，原始人填饱肚子、解决饥饿的欲望更加迫切，只要得到食物，就会立刻吃掉。冬天来临，寒冷成了急需解决的另一重大问题，准备御寒用的兽皮衣服又成了当务之急。即便如此，如果能够得到食物，他们宁愿延后赶制冬衣，也要先解决食物的问题。他们知道延迟做冬衣会挨冻，可食物不是随时都有的，相比身体的寒冷，腹中空空的饥饿感更让他们难以忍受。

延后赶制冬衣就会挨冻，原始人的拖延非常无奈，当时也未构成多大的危害，算不上多严重的问题。但是人类进入农耕时代以后，不被生存问题逼迫的时候，拖延的危害就凸显出来了。如果不按时耕种，就会延误农时，导致当年没有收成。随着人类的进步，拖延带来的弊端日益明显，我们必须抛弃这种生活方式。既然拖延从我们的祖先就开始了，难道就意味着我们的身体中有不可剔除的拖延基因吗？研究证明，这样的基因并不存在，但人们发现拖延和大脑的运作有着密切的关系。

有些生物因素和拖延之间关系密切，它们是直接因素，主要包括一些特殊功能，当这些功能出现障碍时，就会出现拖延行为。例如不同程度的执行障碍、注意力缺乏、持续紧张、失眠、情绪抑郁、强迫症、情绪不稳定,都和拖延有直接关系。当我们的大脑里的这些生物因素运行时,很可能就跟拖延行为产生了密切的联系。还有一些间接的生物因素,大脑随着时间变化的时候,它们也随之变化,这也间接和拖延有关。

　　拖延几乎是与生俱来的。既然我们已经得知拖延和人脑有一定的关联,而大脑是人体最为复杂的部分,要是我们对大脑的工作过程多一些了解,也可以更清楚地了解拖延的成因,对我们克服拖延也是有益的。

拖延症对身心健康的影响

很多拖延者都有这样的经验，被推到最后期限的任务会为自己带来极大的压力：其中有担忧，因为该做的事情没有做，还悬在那里；也有紧张，因为要赶在最后期限把任务搞定，那种最后时刻的每一分每一秒都显得十分重要。拖延者长期担负的慢性压力，会给大脑和身体带来很大的影响。

在压力之下，一般会出现两种情况，要么就是动手去做，要么就是干脆不做。这是生物性的机械反应，可以对我们起到保护作用。当我们的生命受到威胁的时候，生物性的机械反应可以让我们即刻行动，逃离危险。在动物身上也有这样的情况，当狮子靠近斑马的时候，斑马会立刻以飞快的速度逃向安全的地带。人脑中有一个部位，叫作下丘脑，它可以向人的身体发出信号，人体接到警报以后，心脏就会跳得更快，血压也会升高，身体能量转瞬就被激发出来，皮质醇和肾上腺素的分泌加大。这种反应之后，我们的身体需要恢复，因为这种自我保护的应激反应释放了大量的能量，经过一段时间的休整之后，我们的身体才能恢复正常。这就像一个人忙碌了一整天，晚上需要好好睡上一觉，才能恢复体力和精力，第二天才能有精神继续工作和生活。然而，拖延者可不会考虑到身体需要休整，他们没有充分的时间来休息，匆忙地应付完一件事情之后，下一件事的最后期限又临近了，他们必须再次投入紧张的工作中。

压力接连不断地袭来，这周要考试了，明天还要开个重要的会，银行的贷款还没还，同事之间的摩擦，月底的工作总结，身体又不舒服了……我们生活在竞争激烈的社会，每天都要斗志昂扬地去奋斗，居住地区人口密集，让人透不过气，上下班高峰期几乎把人逼疯了。就算身在边远地区或者度假的岛屿上，一封等待回复的电子邮件也让人感觉压力重重。在这样慢性的压力之下，我们的身体接连不断地产生压力荷尔蒙，久而久之，我们的大脑中某些重要的组成部分就被压力荷尔蒙破坏了。随着这些大脑结构被破坏得越来越严重，脑细胞的自我修复能力会越来越不尽人意，不仅如此，新神经的生长也有赖于这些脑细胞，越来越差的脑细胞越来越不能刺激新神经的生长了。

当我们拖延的时候，压力会增大。拖延者会焦虑：工作不能如期完成，我的表现实在太糟糕了。上级的批评在所难免，而我们自己也在向极限挑战，这简直就是一种冒险，事情会变得很糟糕。我可能给别人带来了烦恼，使他们会对我失望，甚至会对我发火，这真是让人惭愧。拖延者的压力会形成一个恶性循环，拖延产生焦虑，焦虑导致拖延。如此一来，拖延者的生活日复一日地被重重的压力控制了，创造性的思维越来越少，做事的过程越来越痛苦。科学家和医生的报告一直在告诉我们，人的压力荷尔蒙不断提高会给新陈代谢带来消极影响，导致疲劳、嗜睡，同时还对人体免疫力产生伤害，人们因此会更容易被病毒感染，引发各种疾病。

不是所有的推迟都叫拖延

早在十六世纪，英文中就出现了"拖延"一词，从英文字面的意思理解，它不是一般意义上的"推迟"，而是一种并不符合理性的推迟行为。

现在的拖延行为研究人员将"拖延"解释为：故意推迟展开某项工作或者结束某项工作的时间，并随之产生一些不良情绪。

这个概念看起来简单明了，然而在实际生活中区分"拖延"和"推迟"时，我们仍然不免感到困惑。根据研究人员给出的定义，我们知道推迟者对拖延带来的糟糕后果已有预感，但是还是不愿意积极行动。如果有人积极行动，但是在规定的时间内仍然没有完成工作，那么我们认为这并不能算是拖延，他只是推迟了交工的日期，就算他为此也同样产生不良情绪，我们也仍然不能认为这就是拖延。

拖延与时间有很大的关联，而推迟也不例外，可是二者仍然不可以相提并论。他们有什么区别呢？我们先举几个简单的例子。

如果你现在手头正在忙碌的工作，并不是你该做的事，而你本该做的工作被你抛在了一边，这种逃避当前任务的行为，就是拖延。比如你晚饭后，本该洗碗，可是你却被电视节目吸引了，这种消极的行为，就是拖延的表现。因为没有干净的碗筷，导致下次做饭时没有足够的餐具，如果第二天依然没有洗碗，估计有些残羹冷炙已经开始发霉了。你明知道这样拖延会带来或大或小的烦恼，可是还是一拖再拖。

　　如果突然发生了紧急事件，你不得不放下手头的事情，去处理突发的紧急情况，那并不等于拖延。如果你正在后院修剪花草，发现马路对面的垃圾箱着了火，于是你不得不放下手头的园艺工作，跑去灭火，之后你又回来继续整理花草，那么你当下的任务仅仅是被推迟了而已。有些事也并非在你的能力范围之内，那么这样的事情如果导致你推迟了行动，并不算是拖延。譬如，你答应同事帮他审阅文件，而你恰恰第二天感冒发烧了，你不得不推迟这件事情，当然不能被划为拖延一列，而你的同事自然也会对你表示理解。

　　我们把拖延和推迟做了对比，为的是更清楚地认识拖延行为。也就是说拖延是一种非理性的、自愿的推迟行动的行为，拖延是一种没有理由的延缓，是消极的。而推迟则不然，它有很积极的一面，而且是被动、理性的。

　　在生活中，同一时间我们往往并不是只面对一件事情，工作中也经常会这样。有时候，你的任务可以列出一个长长的清单，而先做哪件事是靠你自己来排序的，因此造成拖延的并不是推迟的行为，而是你自己的选择。当你不愿意选择本该做的事情，而选择做其他的事情时，就造成了对当下任务的拖延。而拖延都会引发一些不良影响。比如，如果不洗衣服，那就没有干净的衣服穿；如果不按期还款，银行就会降低你的信用。虽然拖延者明明知道拖延会带来这样的后果，然而他们仍然选择了不洗衣服和推迟还款，之后，他们不得不承受自愿拖延之后产生的焦虑情绪，比如烦躁和不安。拖延者非常清楚这种行为不可取，但是他们的习惯仍然会持续，直至他们周围的人都开始对他们有意见。

几乎每个人都会受到拖延的诱惑，它随时随地都有可能在任何人身上发生。当我们推迟某件事，并为此感到担忧和恐惧的时候，毫无疑问，拖延已经侵入了我们的生活。我们必须克服它，虽然它无处不在，但并非不能改变。

为避免侵害而拖延，不是拖延症

有些人并不是在什么事情上都拖延，只是在劳动果实可能被窃取的情况下才拖延。这种拖延在职场中比较常见。这类拖延者的荣誉感和自我意识已经贴合在一起，如果夺取他们的劳动成果，就如同剥夺了他们的自我一般。他们明明知道自己该做某件事，可就是拖着，一边感到焦虑，一边想要保护自己的利益。

张亮得到上司下达的工作任务——一个旅游广告的创意。这一刻他仍清晰地记得，上次自己做的广告创意被上司窃取了。那一次，他把自己的点子向上级汇报，结果上司稍加改动就用自己的名义交给了客户。因此在那个创意上，没有人知道张亮付出的努力。想到这里，张亮就没有心思收集资料、寻找创意和灵感了，他一边拖着，一边心烦。他一方面担心做了会被窃取，一边担心不做会被上司批评。直到上司开始催促他，他也还是没有心思做这件事。

张亮的这种做法是拖延症的典型表现，他知道自己应该做而不做，并为此忧心忡忡。

可这种拖延跟一般的拖延心理有所不同，一般的拖延心理都是害怕事情本身，比如担心做不好而承担后果，而这种拖延则是因为害怕后果，也就是担心劳动果实被周围人窃取。说到底，这是一种对外界的恐惧心理造成的。

随意窃取别人的劳动果实的人并不少见，你的上司也有可能窃取过你的创意。也许有一天，你听见某人正在认真地讲着一个笑话，而这个笑话就是你刚刚讲给他听的，他现在仿佛要向大家展示的是自己的灵感。

可这并不是我们不做事的理由。如果一只孤零零的狮子害怕自己捕获的猎物被狮群抢走，就停止捕猎，那岂不是自己也要被饿死了吗？即使冒着猎物被夺走的危险，那头狮子也会去抓捕猎物，只是他会想办法避开窃取者。

把自己的周围看作是个充满了野蛮掠夺意味的世界，怕被掠夺而不做事，自己的利益确实没有被窃取，可我们自己同样也没有任何收获。这也是我们自己的损失。

害怕劳动果实被窃取，就是拖着不做事的理由吗？辛亥革命果实被窃取，可是中国革命并没有因此而停止，革命者依然前仆后继，并取得了成功。仅仅害怕一个创意被窃取，就停下工作，是不值得的。我们要做的是保护自己的劳动果实的同时，拒绝拖延。

对周围的人重新认识，对可能抢走你劳动果实的人做好防范。如果你做的是创意工作，记得不要随便把自己的点子告诉旁人，特别是自己的同行；如果你是一个业务员，也不要随便让同事帮你接待客户；如果你是一个作家，就要注意保护自己的版权。保护好自己的劳动成果，就可以放心地去做事。永远不要认为用拖延的办法，就能保住自己的果实。

因反抗而拒绝行动,不是拖延症

有时候拖延也是反抗情绪的产物。你让一个人往东,他偏偏往西,你让他干什么,他就偏偏不干什么,这种情况多数都是反抗情绪在作怪。

在反抗情绪的支配下,人们不做回应的拖延情况十分常见。

有些人十分不喜欢被人命令或者限制,因此你要求他做什么,他就偏偏不做。他们自有一套哲学:"本来是要做的,现在强迫我做,我就不做了!"仿佛通过不做事的方式进行反抗才让他们感觉到自己有尊严。

爱丽丝是一个不喜欢被限制的姑娘。平时她跟人相处起来是随和的,可是当有人让她去做事情的时候,她就会生硬地回答说:"是的,我正打算做这件事,可你让我做,我就不做了。"她认为被命令做事是非常糟糕的事情,让她感觉到压力,仿佛受到了逼迫。

没有人喜欢被强迫。当有人命令我们做事的时候，我们要么收到命令就服从，要么绝不服从。如果你选择后一种，那么你跟爱丽丝是一样的，因为要发泄反抗的情绪而拖延。

生活中，被支配的情况比比皆是。很多事情不是能由我们自己决定的，我们不得不屈从于现实，到期还款、纳税、考试，等等，都是生活附加给我们的责任，最后期限早就被固定了的，而我们不得不在那之前完成。如果跟所有的被迫做的事情对着干，你很快就会发现，生活根本无法正常进行下去。

以拖延的方式来反抗会给个人带来不良影响，这影响还包括被周围的人孤立。因为这种行为最外化的表现是与人做对，这会让周围的人远离你，使你显得越来越不合群。反抗情绪会让我们把自己看得太重，过于强调自我。越是这样，就越感觉自己被忽略了，仿佛你的自由被剥夺了。如果服从别人的命令，你会觉得人们是在欺负你，把你逼得走投无路，因此你绝不服从。周围的人会因此认为你是个不好打交道的人，很难相处。

没有人喜欢这样的人。时间一久，你会发现自己已经孤立无援了，当你需要他人的帮助，请别人做事的时候，别人也不会配合你。用拖延来宣泄自己的反抗情绪，无异于饮鸩止渴。实际上，这样做是不成熟不理性的表现，而且肯定不会真的让你变得更重要。我们生活在一个群体社会中，时时需要互相配合。当有人要求你做某事时，如不能理解，或是自己真的不方便，首先要与人做好沟通。没人会无缘无故地让你做事，通过沟通，无论做与不做，都互相理解，达成共识。有了这样的前提，你会乐于满足别人的要求，而当你有求于他人的时候，也更容易得到别人的回应。

反抗情绪引发的拖延最高发的地方是在工作中，后果也会更加严重,它会使一个企业效率低下。在工作中,除了最高层,每个阶层都有自己的领导,领导的工作就是向下一级发号施令,而下层员工的职责正是要服从命令,完成领导交代的任务。据统计,在美国有三分之一的员工劳动超负荷,他们对自己的老板满腹怨言,这样的情况非常容易引发员工的拖延。员工有怨言而又不能正面反抗的时候,很可能转化为消极怠工。当老板要求员工加班的时候,他们会说:"要加班吗?那我慢慢做好了!"

每个管理者都应该重视这件事情,避免发生这种情况。作为管理者,如能积极地从为员工生活提供便利的角度考虑去制订制度,比如实行弹性工作制、轮流值岗制等,则可大大调动员工工作的积极性。很多公司已经非常重视这个问题,有些大公司还为员工开办了免费幼儿园,让员工享受到公司的福利,从而愿意为公司尽心尽力地工作。

而作为员工,则应该在工作中调整自己的情绪,不要将针对一些工作上的琐事的情绪转化为对抗工作的情绪,从而消减了自己的工作能力。

为报复而拖延，不是拖延症

有研究表明，在成年人中，一些人拖延是为了报复他人。这类拖延者认为拖延可以给他们带来复仇的快感。

当拖延者受到伤害或者认为自己受到了不公正的待遇之后，可能会用拖延的手段来报复他人。比如，你的同事在工作中指出了你的缺点，你的家人对你关心不够，你的上司临时通知你马上开会。这种时候你感到痛苦和烦躁，你很可能用拖延的手段来进行一次小报复：同事让你帮忙的时候，你故意让他等；晚上很晚回家；在上司发起的会议上迟到。

在一项有两百多人参与的调查中，被调查者描述了自己的拖延情况，并填写了自己的性格特征和复仇倾向。根据这次调查，我们发现一个人报复的情绪越严重，他就会越拖延，二者具有相关性。这些人的拖延行为和复仇就像是并生的。

拖延被一些人当成报复手段，在他们看来，这个世界应该是公正的，自己受到了伤害，一定要报复，只有复仇才能让一切公正。因此，在这里我们不得不说到世界观的问题。有人相信世界是公正合理的，社会心理学家把这种世界观叫作"公正世界观"。他们认为善有善报，恶有恶报，付出就有回报，每一分付出都会带来相应的收获，好人身上就不该发生不幸。他们希望通过报复实现公平，因此他们会费力气把不公平的事情"扯平"。

拖延是这些人的报复手段之一，可拖延并不能起到复仇的作用，反而会影响自己的个人形象。

维基拉在很多重要的会议上常常迟到。只要有人让他生气，他就用拖延的手段进行报复。有时候，他认为上司对他不公正，就会用开会迟到的方式进行报复。他认为，这样做是在显示老板工作能力差，能让他丢人。

结果，维基拉的拖延不但没有起到复仇的作用，反而让他和上司的矛盾升级，并让周围同事对他有看法。开会迟到耽误的可是大家的时间，他的报复行为也给其他参会人员造成了不便。他自己没有意识到，仅仅心中短暂地痛快了一下。可实际上，他的上司甚至都没有发现，维基拉迟到是为了报复自己，只觉得他连基本的时间观念都没有，根本不堪重任。

从以上的事例看，维基拉并不是一个习惯拖延的人。只不过，作为一个社会人，他的做法充分暴露了他的幼稚与狭隘。他以为故意拖延可实现报复，殊不知这样做受害最深的其实是自己。

赛利的经理让她把季度销售报告准备好，她知道经理要在会议上使用这份报告，便故意拖着不交。因为她早上迟到被经理看见了，她也不想让经理顺利开会，她要报复他。直到会议开始，赛利也没有把报告交给经理,她说:"打印机卡纸了,怎么也打不出来。"而事实上,她根本就没有打印。正在她回味报复的快感时,她看到经理通过会议室的玻璃窗盯着正在工作的打印机。意识到自己的谎言被拆穿了,她赶紧把报告打印出来,悄悄递进了会议室。

赛利想用拖延报复一下经理,可发现自己的谎言被揭穿了,要是她没有机灵地赶紧把事情解决了,肯定会再次受到经理的批评。世界上不存在绝对的公平,报复只会消耗一个人的精力。处心积虑地报复别人,不如集中精力把自己该做的事情做好。在努力的过程中,人的前途就会越来越光明,等你到达一定的高度之后,就会发现当初选择报复是多么幼稚。

没有人是完美的,包括我们自己。既然我们都不是完人,会犯错或伤害到他人,又怎么能要求他人一点错误也没有呢?

第一编 正视拖延

第一章

拖延症没那么可怕

不只你一个人在拖延

虽然并非人人都有拖延症,但是实际上每个人身上都会发生拖延这种情况。而当一个人屡屡拖延,并且即使深受其害仍无法克服的时候,才能算是一个拖延症患者。

总有一些早晨,你想赖赖床;对于早就计划好的事情,迟迟没有付诸行动,或者行动之后该结束了而没有结束。若是你一直为此感到自责,并不断地埋怨自己,那也大可不必。

拖延是普遍存在的,这就意味着当你要和拖延斗争的时候,你完全不用感到害怕,因为你不是一个人在战斗,有太多太多的人和你站在同一条战线上。当然,这并不是说拖延就是对的,只是说你不必为此过于责备自己,只是需要改掉这个习惯。

可能你听说过,女人比男人更容易拖延,年轻人比老年人更容易拖延,结了婚的人更容易拖延,受教育程度低的人更容易拖延……诸如此类的话仿佛让你对号入座,你甚至可以为自己开脱,说:"我还年轻,我是女人……我当然会拖延啦。"但其实,心理学家在调查拖延的过程中,为了让数据尽可能地反映实际情况，特别将性别、年龄、婚姻和教育程度等因素考虑进去，尽量不让调查局限于某一个小范围。结果证明，拖延是一种普遍的生活方式，它并不受以上几种因素的影响。看到这个结果之后，就不要再为自己的拖延找借口了，因为那些断言拖延和性别、婚姻状况之类的因素相关的说法完全不成立。

对于拖延，人们普遍都会得出正确的认识，那就是这是一种不该出现的做法。但是很矛盾的是，在现实生活中，很多拖延现象，却也得到了普遍的接受。比如，有时候，你去开会，明明通告中说的是八点开始，九点结束，可是当你八点准时到达会场，等到八点十分很多人才陆陆续续到达会场，开始会议，而会议结束的时间也不是九点，而是九点半。

甚至，拖延在某些特定事情上是一个群体的表现。德国人做事的严谨态度可谓世界闻名，而且他们办事也非常有效率。难以想象，就是在这样一个国家里，拖延这种现象也很普遍，且是被接受的。有这样一个故事，可以说明这一点。

一个教授每天下午的六点钟有一节毕业班的课。开课以后，第一天竟然没有一个人是按时走进课堂的。教授觉得第一天上课大家可能会懈怠，可以理解。可第二天、第三天还是如此，大多数学生都是在六点十分到十五分之间才走进课堂。

教授终于忍不住了，他问学生们："你们为什么迟到？"一个学生认真地回答说："我们迟到了吗？上课的时间不是六点一刻吗？"教授只好重申上课的时间是六点整，而不是六点一刻。他很不理解，明明通告中清楚地写着上课时间是六点，为什么所有的学生们都认为是六点一刻。

其实在整个德国的教育领域，上课时间向后拖延一刻钟是普遍现象，所以即便通告上明确写的上课时间是六点，学生们还是认为开讲的时间是六点一刻。就算有特别说明，人们也不会认为真正的上课时间是六点。德国人几乎把这种拖延当成是合情合理的了，人们已经默认推迟一刻钟才是真正的开始时间。

拖延普遍存在，有些甚至被普遍接受，说明这个真相是为了让有拖延毛病的人不去承受过大的心理压力，因为有很多人跟你一样。但是并不是说，可以放任这个毛病，你要做的只是改掉它，而且要相信自己确实是能做到的。

强迫症也会导致拖延

我们都听说过强迫症,但未必知道它会引发拖延。强迫症患者会给自己施加巨大的心理压力,并在逃避压力的过程中发生拖延。

强迫症的成因很多,比如家庭暴力、他人的不理解、遭受歧视,等等,也会由工作压力等正常压力引起。压力使患者出现逃避心理,强迫自己做些别的事情,明明知道做这些事情没有意义,还是无法让自己停下来,越想停止就越紧张、难受,结果深陷其中无法自拔,导致该做的事情被一再后延。

很多年轻人有晚睡强迫症,劳累了一天之后,熬到夜里两三点才睡觉,他们也知道自己第二天还要早起,可还是不停地刷新网页,跟朋友在网上聊天。好不容易关了电脑,靠在床头,还是不想躺下,手里又开始翻杂志。想着第二天可能起不来,又拿过手机定闹钟,趁机再刷一下微信,看看朋友们又转发了什么有趣的消息……直到夜深人静,关了灯,还是难以入眠。

该睡觉的时候不睡觉,而是做些毫无意义的事,自知不该,却不由自主,这已经是轻度强迫症的表现。这种强迫症的另一面,其实就是拖延症——晚睡强迫症,也意味着睡眠拖延症,两者是同一个问题的两个方面。

强迫自己在"这件事"上消耗时间,必然造成"那件事"的拖延,强迫症就这样造成了拖延症。这种情况下,强迫症与拖延症就一体化了。解决掉其中一个,另一个就能得到解决。

导致这种拖延症和强迫症的原因是压力。尤其对年轻人来说,对压力问题处置不当,是诸多心理病症的根本原因。只要找到压力的来源,问题就解决了一半。只要来源认识清楚了,对症下药并不难。

压力是有迹可循的,比如,不同的身份会对应特定的压力:学生有升学压力,上班族有工作压力、生活压力,几乎所有人都因为家人的种种期待而感到有压力,等等。有压力是正常的,但如果逐渐累积却不能适时疏解,就会达到损害健康的程度。处于巨大压力下的人,也许看上去一切正常,其实会下意识地逃避压力;一旦逃避压力,强迫症和拖延症就会乘虚而入。

小张名校毕业,家人和小张本人都期待能进入名企或外企,找一份体面的工作。可是他毕业都半年了,工作依然没有着落。看到他的同学都找到了工作,父母隔三岔五就数落他一顿。亲戚们倒是屡次劝慰,让他"慢慢找,别着急"。看似同情理解,却让他觉得压力倍增。他放不下身架从普通公司做起,名企面试又屡屡受挫,自信心消磨殆尽,心情越来越差。他觉得自己能力太差,没有公司愿意聘用自己,渐渐便没有勇气去尝试了。为了逃避现实,他常常睡到十二点才起床,吃过饭也不再忙着投简历和面试,而是开始玩游戏,只有在游戏中才能真正放松,找到自信。但他心里很清楚,游戏中获得的自信是虚幻的,在现实中自己仍是个失败者,而且还在向下滑落。心里的压力越积越多,让他更加消沉。他变得沉默寡言,连门都不愿意出了。父母看着他越来越颓废,伤心极了。他的内心充满了自责,却不知怎么样才能拯救自己,从恶性循环中逃离出来,只能一天天沉浸在足不出户的荒唐日子里。

这个案例,反映了逃避压力的典型模式——强迫自己做某事(如游戏),以拖延自己应该做的另一件事(如找工作)。

小张的症结,首先在于没有直面压力,看清它并分析它,而是刚打个照面,模模糊糊觉得对方很强大,就败退下来,躲到角落里悲观失望,陷入恶性循环。更可怕的是,陷入越深,麻烦就会越多,而造成这一切的最初原因,也就是病根儿,会逐渐隐匿,更难施行有针对性的治疗。

事实上,再大的困难,只要直面它,就解决了一半。直面,才能看清。如果它真的很强大,不妨试着将其分解,再一一攻克。在小张的案例中,不妨将"进入名企"这个大难题分解成两个小难题:一个是能力不足,可以通过针对性学习来解决;一个是没有工作经验,可以通过先到别处打工来解决。小张没有这么做,他只是模糊地感觉到压力,下意识地逃避压力,结果陷入了恶性循环。

逃避压力,强迫行为,拖延,其实是人体自身防御机制所致,是一种自我保护。当然,自我防御和保护过度,会进入非理性状态,就属于病态范围了。这是非常痛苦的体验:自卑,自责,焦躁,迷茫,丧失进取心,想要自暴自弃,各种困扰纷至沓来,将自己淹没,喘不过气来,根本无法对自己为什么进入这个状态进行梳理，找不到突破重围的出口。

要想找到出口，首先要冷静下来，想想"最初的压力"是什么。找到病根，一切问题才能迎刃而解。强迫症和拖延症，解决之道都在于把"压力"问题处理好。

解决压力问题，除了前面讲的"找到源头"以及"分而击之"之类，还需寻求外部的帮助。比如与父母、亲友谈心，保证睡眠，多参加社交活动，多运动，出去玩个痛快，等等。

有的事情，搁置一下会消失

大部分人都将拖延视为洪水猛兽，谈"拖延"色变。确实，多数情况下，拖延会给人带来负面影响，不过在某些情况下，拖延也并不那么可怕。

有时候，拖延者也会有惊喜，比如一直在心里搁置的一个重要的待办事项，突然凭空消失了。虽然不是每件被拖延的事情都会变成这种结果，但这确实让人省了不少力气。如果你也拖延过，也许能想起一两件这样的事情来。

本田教授的一个学生请他帮忙写一封推荐信。这个已经毕业5年的博士想要换个城市生活，为此他要换工作。本田教授始终想着这件事情，可他觉得这封推荐信关系到自家学生能否顺利找到工作，责任重大，不知怎么写才好，于是就把这件事搁置了。一天，这位学生打来电话，本田教授感到非常不好意思，正要说明自己还没有动手写推荐信，他的学生却说，他申请的工作岗位根本用不着推荐信。看来，不用写那封信了，本田教授心里一阵轻松，刚刚涌起的那点愧疚之情全都不见了。

这种事情简直就是上天赐予拖延者的"福利"。要是本田教授并没有拖延，而是已经写好了，岂不是白费了力气，浪费了精力？如果写得太早，他还可能需要再补充。因为如果他的学生的一项研究又获了奖，或是完成了一个研究项目，或者拿到了一笔巨额的科研经费，他就得重新写信，至少要添加新内容。

在生活中，待办事项自行消失的情况其实时有发生。

一种情况是，你不做有人会做。比如，到了年终的时候，公司的年会上需要每个部门出个节目，而你们部门的领导就把这个任务指派给你了。你不喜欢这个任务，因为你更喜欢安安静静地度过那一天，完成抽奖环节，就从会场消失。于是你拖了几天，之后发现同部门的那些喜欢热闹的年轻人已经开始排练了，他们把你该做的事情给做了。任务消失了，你再也不用为了构思一个节目冥思苦想，更不用辛苦排练了。

另一种情况是，环境生变，任务消失了。比如在2003年"非典"突然席卷中国大地的很多地方时，很多事情都撤销了。学校的变化最大，一切安排都不是常态了。学校都放假了，学生们再也不用早起了。期末考试取消了，学生们不用做期末复习了。毕业考试变成了开卷考试，论文答辩自动取消了。

我们并不是要强调拖延者做得对，而是想帮助拖延者减轻心理负担。其实他们已经做了很多事情，但是经常会只在意那些没有完成的事情。我们希望拖延者也能看到拖延并不是"十恶不赦"的大罪，可以用一种更为轻松的心态来看待发生在自己身上的拖延。

如果你能用一些方法，让自己更快乐一些，拖延的程度也许就不再那么严重。我们希望你能适当地放松心情，而不是为了某件拖延的事情总是感到焦虑。

尽管我拖延了一些事，但我完成了另一些事

在经常拖延的人群里，有一类相对比较高明的拖延者，他们知道自己有拖延的毛病，于是刻意对此加以利用，让自己在某些事情上的拖延，变成做另一些事情的动力。

生活中有一个奇怪的现象，当一个任务不是当下的任务时，即使工作量非常之大，我们也能设法完成它。人们总是对当前的繁重而艰难的任务产生畏惧感，不由自主地逃避、拖延。有些人会简单地选择远离，让自己逃入一个安闲的环境中。而另一些人，则选择用做其他事情的方式，来逃避当前任务。并且在做那些事情的时候，会产生前所未有的兴趣和热情。在当前任务被拖延的同时，另一些任务则被高效而轻松地完成了。由此，我们可以很好地利用这一点，即使拖延，我们也在做事。

拖延者往往有这个心态，如果只剩下一件事情可做，他们可能没有什么行动的动力。可是如果事务清单上排着很多事情，那他们反而会有积极性，因为觉得做不了这件事，可以做那件

事，即使这样做只是一个逃避当下任务的借口，但好在会去做别的事。比如，小的时候，妈妈让你去买酱油，为了逃避这个跑腿的任务，你可能立刻会坐到书桌前去复习功课。为了不做当下的事，去做别的被拖延的事，如果被拖延的这件事更重要，那么这种借口成了推动力，那这就是好事。所以，当面对不想去完成的任务时，知道该怎么办了吧？找另外一件你更愿意做的事情去做，这件事或者更为重要、迫切，或者是之前已经拖延了的任务。

我们可以有策略地运用自己的拖延心理，把所有任务列在一张清单上，繁重而艰难的事务在前，其他事情排后，把尽量多的内容排列到任务清单上。当我们对当前的任务产生厌烦或逃避心理的时候，就去做清单后面列的事情。等忙碌过后，我们可能会发现，清单前面的几项事务虽然还一直拖着没做，但是清单后面的事务已经完成得差不多了。

你可能想问：清单前面的那几件事情怎么办呢？不做了吗？当然不是，你还是可以利用这个方法，给自己找一个更繁重更艰难的任务，这样，前后一对比，你就会变得乐于处理原来位于清单前面的几项任务了。有些拖延者为了避免任务多，不向其他人承诺任何事，仿佛这样可以减少自己的拖延。他们错误地以为，只要手头的事情少，就可以轻松地完成。而实际上，即使事情少，他们也没有顺顺利利地把事情都完成。当任务多的时候，选择相对轻松的，他们反而会有动力，让自己行动起来。

拖延并不代表我们就会一事无成，关键是看问题要全面，只看到自己拖延，而没有看到自己做了多少，会让我们缺乏信心。难怪很多拖延者的内心会焦虑和恐惧，因为他们没有看到自己做完的事情。假如你暂时没有办法克服拖延，不如试试上述方法，一来可以让自己的拖延不会产生过于严重的后果，二来，可以缓解一下心里的愧疚和焦虑。毕竟，我们还是做了一些事情的。

跟拖延者合作,并不那么糟糕

如果有一项任务需要你和别人合作,让你在两个合作者中挑选一个,其中一个做事积极主动,绝不会发生拖延,而另一个则会经常拖延,你会选择谁?相信绝大多数人会选择那个从不拖延的合作者。跟一个做事从不拖延的人合作,毫无疑问会提高做事的效率,因为我们不必担心对方会"磨洋工",任务的进度肯定是有保障的。而如果跟一个拖延者合作,你可能需要时刻担心任务会被拖延。

不过情况也不是那么绝对,有些时候,跟从不拖延的人合作,可能并非你想象中那么完美。

比尔跟一位教授合作写了几本书。这位教授绝对不是拖延者,他做事非常有条理,而且动手快,效率高。他先想好要写什么,然后就马不停蹄地写提纲,接着开始撰写内容,他想让比尔跟他保持进度一致。这样,就可以同步完成。他像个闹钟一样提醒比尔动手做事。两人合作的这几次,都能按期甚至提前完成任务。但是后来比尔独自写书之后,却发现自己不知道怎么安排事情了,不少任务在自己的安排下被拖延了。原来在跟教授的那几次合作中,比尔已经习惯了由教授安排进度,自己则只埋头工作。现在自己安排事情,就变得无所适从了。

很多人发现,自己跟不拖延的搭档做过事情以后,会变懒惰。因为合作的时候,事情的进度完全不用自己安排,而且进度不会慢,那些不拖延的人就像是闹钟一样,会在某个时候提醒合作伙伴做某件事。而一旦离开这些高效率的人,他们就感觉独自做起事情来更费力了,因为那个主导任务进度的人不存在了,而自己还不习惯操心。

另外,如果你本身做事有些拖延,突然快节奏地做事会让你不适应,跟那些高效率的非拖延者合作,虽然工作会顺利完成,但是会被他们督促得身心疲惫,对那种快节奏产生抗拒,这样也会让你变得比以前更拖延。

这就是事情的真相。大部分人无法做到长时间一直紧绷神经。有张有弛,才能让自己得到休息,恢复精力。然而,跟高效率的人合作,虽然会完成更多事情,却也要求我们精神一直高度集中,导致疲惫不堪。有些人会无法适应,反而越来越懒。

而跟喜欢拖延的人合作,你很快就会发现自己自然而然地成了完成任务过程中的主导者。这时,你可根据任务完成的时间,自主把握工作的节奏,做到有张有弛。对于你的合作者,你要做的只是多监督和提醒。而且,只要不是催得特别紧,拖延者就不会产生心理压力。你会发现,那些拖延者也能跟上进度的。而且大部分拖延者是知道自己自控力不足的,有他控来督促自己,他们也觉得这是个好办法。这样,你们的合作会很愉快,而且都不会很累。

　　我们完全不必把跟拖延者合作的问题想得太过严重。我们都知道，拖延者会拖延，但是他们并非不做事，只是他们自信心不足，或是能力有限，完成任务有点难度。其实，做事情最难的，往往只是迈出第一步，而一旦这一步迈出去，就会发现，这事并没那么严重。即使他的节奏有些慢，但还是会考虑如何在最后期限前完成任务。如果是两个拖延者合作，那两个人最好制订个相互督促的方法，并且时刻提醒工作时限，这样只要任务不会被搁置，能够协调一致就可以了。

　　无论我们自己是否拖延，都不要用"有色眼镜"看待拖延者，跟他们合作并没有那么糟糕。如果你不拖延，你在合作中就多担当一些督促的任务好了。如果你也是拖延者，那么你还有什么好抱怨的呢？完成任务迟了一点而已，自己本身就是拖延者，责任不完全在另一个人身上。况且在完成任务的过程中，你不会被合作伙伴催促，这不是很好吗？

第二章

病根不妨回童年去找

家庭榜样可能会挫败你，或带坏你

一个人来到这个世界上，最早是通过家庭来认识世界的。因为家庭对一个人的影响非常大，你是否想过你的拖延跟家庭有关系？家庭成员肯定不会直接教你变得拖延，却可能会从侧面影响你，让你变成拖延症"患者"。

一个男孩有一个事业非常成功的父亲。在他心中，父亲就是自己的榜样，是他未来要成为的那种人。他知道父亲小时候家境贫寒，完全是靠刻苦读书才走出了困境。在他的眼里，父亲是勤奋而有激情的，无论做什么事，都是说干就干，工作起来仿佛不知疲倦。父亲从来不参加任何娱乐活动，生活中除了工作就是学习。这个男孩不断地鞭策自己要向父亲学习，因此从来不去参加任何课外活动，生怕自己浪费了时间。可是他只是个孩子，天性本该是自由自在、无忧无虑的。一味地模仿父亲的生活方式，使他的天性受到压抑，他并不快乐。他的妈妈发现，他的成绩并没有因为刻苦而提高，反而下降了，而且性格也变得非常内向。他在描述自己的感受时说:"我压力很大,什么也做不下去,什么也不想做,也不想玩!"

很多小男孩出于对父亲的崇拜,会去模仿父亲的行为方式、处事方式。但是他们并不知道,自己跟父亲是不一样的,父亲能承受的压力,自己不一定能承受。作为成年人的父亲能做到的事,自己不一定能做到。而一旦他们发现自己做不到,就会对自己失望透顶,之后变得自暴自弃,什么也不做。

在成功的榜样下,小孩子们往往认为只有跟榜样做得一模一样才算是成功,否则稍有差池,就让他对自己的评价过低。可是实际上,成功是与压力成正比的,越大的成功,背后的压力也越大,而小孩子的心智还无法做到全面地看待问题,只能看到别人表面的成功,从而将成功的人当成自己的榜样。而当他们去行动的时候,却能切实感受到压力。压力积累到一定程度,就会对自己产生怀疑,将自己放在一个很低的位置。绝大部分小孩子是无法面对这种心理落差的,他只会在重压和自信心不足的情况下,变得消极逃避,什么也不愿意去做。所以,面对小孩子不要只单方面强调成功光辉的一面,应该让他知道,任何的成功都是需要付出汗水才能得到。

如果情况相反,一个人在家庭中为自己找了一个失败的"榜样",那么会出现两种情况:一种情况是,有什么学什么,父母的拖延,使他也养成拖延的习惯;另一种情况是,他看不惯父母的拖延,引以为戒,不让自己成为一个拖拉的人。这两种情况,在生活中的例子都很多。一个人在相同环境的影响下,到底会变成什么样子,归根结底要看他自己的选择。

李娜和弟弟李峰从小就失去了母亲,由父亲抚养长大。他们的父亲是个做事非常拖拉的人,生活上的事情能拖就拖。李娜告诉父亲,家里的煤没有了,该去买煤了,父亲就说:"今天有点晚了,明天再说吧。"到了第二天,李娜提醒父亲买煤,父亲又说:"今天有点累,明天再说吧。"就这样,买煤的事情一直被父亲拖着,直到家里冷得和冰窖一样了,父亲才不得不去把煤买回来。李娜从小就对父亲这种习惯很反感,只是拿父亲没办法。她告诫自己,绝对不能成为父亲这样的人,做事不能拖拉,确实,她也做到了。而弟弟李峰则跟李娜的情况相反。李峰看着父亲整天拖拖拉拉,便也有样学样,做什么事都喜欢拖着。有时候父亲责备他,他就顶嘴:"你自己都整天拖拉,还说我!"

　　家庭对一个人的影响是很大的,尤其是父母在言行上对子女的影响。不过这种影响有时候是正面的,有时候是负面的。但是自己会变成什么样,全凭自己的选择,所以那些在父母影响下变得拖延的人,不要一味埋怨父母,你自己要负主要责任。而当你成为父母之后,更要谨记,身教永远比言传更有效果。如果不想孩子做事拖拖拉拉,就要以身作则,给孩子好的示范。

有些深植于心的家庭观念，会让你裹足不前

每个人都带着家庭观念的影子，而拖延也可能是由家庭观念引发的。当你正准备做一件事情的时候，你的内心可能会出现一些反对的声音："你准备得还不够充分！""这样做有什么意义，不如不做！"而这些想法会根植于你的内心，它很可能是因为你在家庭中的耳濡目染。

每个人都没法选择自己出生在什么样的家庭，接受什么样的家庭观念。从一出生，人就开始被动地接受一个家庭的价值观、习惯、文化等。

在你很小的时候，大人说的话仿佛就是真理，他们会告诉你怎样跟人打交道，什么是安全，什么是危险，怎样解决矛盾，遇到问题怎么办，等等。他们也很快就会对你有一个评价，你在这个家里也很快会有自己的位置和角色。你逐渐地接受了家庭对你的期待，你毫无意识地接受了这些。

家庭带给人的影响非常深刻，每个人都没法摆脱家庭影响，就算是成年人也带着家庭的烙印，只是我们不会轻易注意到它而已。

那些从家庭中得到的观念会潜移默化地影响我们的行为和情感，一部分家庭观念也会引起我们的拖延。我们的麻烦在于，那些家庭中的规矩控制了我们，特别是那些限制我们能力提升的规矩。

一个过于强调自尊的家庭的观念往往是，会让自己丢脸的事情，绝不能做。因此孩子在做事情之前，会提醒自己"那样的话，会很丢脸"，这样他宁可不做事，也要做到"不丢脸"。在一个过于保护孩子的家庭中，孩子认为自己不能承担任何责任，让他做事，他就会想："我不能单独做这件事！"这些拖延行为，都是来自于家庭观念。

一些家庭对错误比较宽容，这些家庭中的孩子，一般在工作中也比较敢干，因为他们不会畏首畏尾。而另一种家庭，完全不能容忍孩子犯错误，这样的孩子比较胆怯，不敢做事，生怕做错事情受到指责或者批评。

琳达是个实习生，她跟瑟琳娜一起在一家公司做实习统计。一天，她们的上司交给她们一项任务，并强调这是一项很重要的任务。琳达心里开始嘀咕起来：这么重要的任务，万一我做错了怎么办？做不好的话，会不会失去实习的机会啊？她越是想这些，就越是无法行动，拖到最后也没有完成任务。而瑟琳娜则不管那些，利落地把任务做完了，虽然有错误，但是也强过什么都没做。

琳达和瑟琳娜在同一件事情上的反应截然相反，这都是成长中形成的固有观念带来的结果。瑟琳娜积极做事，而琳达只能悲观地想到可能要失去实习机会了。在瑟琳娜看来，只要行动起来才有可能做好，可是琳达则只想到了糟糕的后果。

　　在成长过程中，你会不断地纠正自己的观念。你通过积极地思考和观察，发现自己之前的一些观念都是错误的，虽然在过去的岁月中，你没能意识到自己的错误，但是现在纠正也不晚。不过依靠后来自觉的发现所能够改变的观念跟在家庭中形成的全部观念比起来，是微乎其微的。现在你可以仔细回忆一下，家庭所传递给你的信息，哪些造成了你今天的拖延。

　　有时候，可能你拿着满是高分的成绩单，想跟父亲分享你的喜悦，可他却埋头于自己的事情，只是轻描淡写地扬了扬眉毛。也许你有一个成绩更为优秀的哥哥，让你在家庭中永远也无法受到称赞。也许，无论你表现得多么糟糕，总有一个声音告诉你，他会支持你。

　　现在就把这些影响你的家庭反馈都找出来吧！一种是施加压力，另一种是对你表示怀疑，还有一种是无条件的支持。

　　第一种，施加压力。
　　你会成功的，没有什么能阻挡你！
　　要是做不好这件事，还不如不做。
　　只有表现最好才有价值。
　　错误，说明你没有能力。
　　这个家靠你养活！
　　你是我们家最聪明的孩子！

第二种，对你表示怀疑。
你肯定不会做，我来教你好了。
你太懒惰了，什么也干不成。
你考不上大学。
今天你弄得这么糟糕，都是因为不听我的话。
对你抱有期望，就是我犯的最大的错误。

第三种，无论如何都支持你。
不管怎样，我们都支持你，孩子！
我们爱你，无论如何，都不会变。
你有权利选择自己喜欢的生活，我们尊重你的选择。
每个人都会犯错误，不用自责。
你尽力了，我们都知道。

把你的清单列好，当然，如果你能记得这些信息都是来自于哪个家庭成员就更好了。审视一下自己的拖延跟哪些反馈有关。那些让你拖延的负面的反馈是怎样在你身上发生作用的。试想一下，如果这些声音再次响起，你在内心可以用怎样的回应来击败它。比如，一个声音说："你做不好这件事，还不如不做。"你可以说："不，做了就比不做强！"这样能给你鼓励，当你意识到负面反馈的时候，就用这个方法让自己积极正面，多做几次，你就能最大限度地避免拖延。

期望过高或过低，都可能引发拖延

家长对孩子的反馈倾向，会对孩子产生极大的影响。在针对拖延者的调查中，我们发现施压型家长、怀疑型家长和控制型家长或多或少会对孩子的拖延产生作用。可能是几种倾向共同作用，造成了一个人的拖延，也可能是其中一种倾向，造成了一个人的拖延。

综合认识一下这三种倾向，可以帮助你看清，你在家庭中是如何被它们影响的。这可以帮助你在一个更大的环境中，看看自己的拖延行为是怎样形成的。

施压型家长的主要特点就是对孩子的期望和要求过高。

这种家庭一般都是比较显赫的家族。他们可能是对自己的生活或者地位仍不满足，把光宗耀祖的责任强加给了自己的孩子；也可能是祖祖辈辈都很荣耀，不想让这份荣耀在孩子的手中毁掉。在这样的家庭中，每个成员都很出色。这种家庭里的家长，也不会把一般的优点放在眼里，他们的要求是完美，完全不能接受错误和缺陷。孩子唯一能做的就是成为第一，如果不是第一，那就等于什么也不是。

对孩子来说这是一个沉重的负担,"只能是第一"的要求会让孩子成为一个适应不良型的完美主义者,从而导致拖延。家长的高要求和高期待是造成孩子成为适应不良型完美主义者的主要原因。这些孩子面对父母过高的要求,十分忧虑,且没法接受自己平凡的表现。

在家里,孩子常常听到这样的赞美:"你那么聪明,没有你做不到的事情!"然而一旦孩子碰到力所不及的情况时,他们会感觉自己没法面对父母。为了逃避责任,他们唯一的办法就是,将自己的平凡表现归罪于外部因素。

家庭中除了家长会施压,兄弟姐妹也可能起到这个作用。如果有一个"完美"的姐姐或者哥哥,就会让你显得平庸,你只有超过他,才能凸显自己。另一种情况相反,如果家里有一个非常不争气的兄弟,家长为了弥补这个缺憾,会对你的要求更高,这个时候仿佛把对两个人的要求,都强加在了你一个人身上。有些家庭,第一个孩子可能有某种残疾或者疾病,因此又生了第二个,第二个孩子一出生,就被赋予了更高的要求,他需要在未来承担起照顾哥哥或者姐姐的责任。这样的孩子承受的压力更大。

这些来自家庭的压力,会让你把注意力始终集中在自己的表现是否优秀上,你为了逃避被评判,宁可拖着不做那些可能遭到批评的事情。只有不做那些事情,才能保住你之前付出了巨大努力才取得的赞誉。

与施压型家长相反的是,怀疑型家长总认为自己的孩子没有能力,什么也干不成。他们传递给孩子的信息是:"你没那个水平,你做不到;你就算做到了,也可能不是你独立完成的。"

怀疑型家长对孩子做的事情往往没有什么兴致,他们的态度可以从非语言的间接行为上表现出来。他们很少鼓励孩子，除非孩子做的事情能引起他们的兴趣。这样一来，孩子在自己感兴趣的事情上很难建立起自信。

这些父母还有可能把自己的生活搞得一团糟，进而向孩子传递一种信息：你以后过的日子还不如爸爸妈妈。如果孩子很争气，不断进步，他们仍会挑毛病，使得孩子逐渐开始怀疑自己。

这些孩子生活在一个充满怀疑的环境之中。父母会用表现优秀的孩子，把另外的孩子比下去，他们常常暗示另一些孩子是平庸的，无论如何努力也不可能超过优秀的孩子。很多兄弟姐妹多的家庭中，总会有那么一个孩子自信不足，做事拖延，并且不思进取。无论是作业还是课外活动，他们都不能信心十足地行动，他们常说的一句话是"我做不了这件事"。即使开始做了，遇到一点小小的困难，就会停下来，让他们对自己的怀疑越来越深。

这种拖延者在心理上还会走向另一个极端，也就是叛逆。他们想用行动证明父母的怀疑是错的，因此，他们给自己的压力非常大，这样他们直接就成为完美主义者中的一员。就像我们说过很多次的，完美主义引发了他们的拖延症。

无论是在父母的怀疑中退缩还是叛逆，都证明怀疑已经在孩子的心中扎根。稍有不顺利，孩子就可能在挑战中败退，掉进拖延的泥淖，这样就可以逃避来自家长的怀疑。

除了以上两种类型的家长外，还有一种家长会让孩子产生逆反心理，造成孩子的拖延，这类家长属于控制型。

他们习惯对孩子的所有事情大包大揽，在任何事情上都要指手画脚，他们的建议事实上都是命令。孩子的衣食住行都在他们的控制范围之内，甚至该交什么样的朋友都要严格控制。他们认为自己给了孩子最周到的照顾和最有保证的安全，是在用自己毕生的经验和智慧防止孩子犯错。一旦孩子没有听从他们,他们就会愤怒。

当一个孩子不停地接受指令的时候,他们会感觉到没有自我,从而产生一种逆反心理。如果这个时候父母对孩子发火,他们的信心会受挫,仿佛整个世界都是危险的。他们不敢直接跟父母对抗,而是默默地拖延,悄悄地抵抗。

他们放慢速度做事,写作业开始磨磨蹭蹭。拖延能让他们感觉到慰藉,拖延或者干脆不做,是对父母权威的挑战,这是一种抗争,代表着孩子的自我。他们在这种无声的反抗中,保留了自己的独立感,这比家长的表扬和好成绩更让他们感到开心。

两种亲子关系引发拖延心理

家庭中的亲子关系也会导致孩子的拖延。家庭关系过于亲密，形成依附关系，孩子就会在本应独立完成的事情上拖延；而家庭关系过于疏远，形成疏离的家庭关系，会让孩子在自己无法独立面对的事情上选择拖延。

在依附关系的家庭中，父母不鼓励孩子开创独立的生活，总让孩子依附在自己的身旁。父母总是过度保护，提供过多的帮助给孩子，希望孩子永远依赖自己。他们认为孩子只有在自己的保护、帮助和照顾下才能成长。这些始终在父母的这种过度关爱下生活的孩子，从来不知道自己能独立面对什么事情，因此他们对自己完全没有信心。在生活中，面对挑战，他们缺乏勇气，想各种办法逃避。他们不能去考驾照，不能处理好恋爱关系，他们从来不发表跟父母不同的见解，更不参加父母不感兴趣的活动。在这样的亲子关系中，任何表示独立的行为都会遭到反对。表达独立的见解或者参与跟家庭无关的活动，是得不到鼓励和支持的。

在这种关系下，有些孩子会为了长久地依附于家庭，而在独立的道路上拖延。而有些孩子会有相反的行为，如果想要获得独立，需要拉开跟家长之间的距离，拖延就可以帮他的忙。他用某些事情上的拖延，表示他并不依赖于家长。比如，他并不急着给父母帮自己物色的女朋友打电话，每次约会都不积极，好像这么做，就等于宣布自己是独立的个体。

在依附型的家庭关系中，与其说是孩子需要家长，不如说是家长更需要孩子。他们不经意地让孩子知道自己需要他的照顾。也许是情感上或者精神上的需要，也许是生活上需要照顾，总之，这样的家长依附于孩子。在这样的家庭长大的孩子，会把家长的要求看成最重要的事，只要家长开口，他们就会选择先满足家长的要求，任何别的事都可以延后。

亲子关系的另一个极端是疏远，它同样也会造成孩子的拖延。一个人还是孩子的时候，不可能独立处理好所有的事情，当他面对无法独立完成的任务时，就会选择拖延。

在这样的家庭中，家长和孩子之间不会有亲密的肢体上的接触，感情上的联系也不紧密。大人和孩子之间没有共同的话题，孩子没有得到应有的保护。每个家庭成员之间都是疏离的，他们的内心世界从来不向人公开。大家不沟通感情，也没有人倾诉或者寻求帮助。

一个忙于工作的父亲，好像在暗示孩子："不要打扰我，我很忙。"这样，家长对孩子面对的问题一无所知，他们不知道孩子需要他们的陪伴和支持。孩子在学习问题上遇到困难时，在家里却得不到帮助。比如，面对一道数学难题，孩子自己解答不出来，也得不到父母的帮助，只能感受到非常受挫，并对自己感到失望。这几乎就是拖延的前兆，在未来的生活中，孤独和空虚的感觉会一直陪伴着他们。试想，家里没有人对孩子的思想和感情有兴趣，在以后的生活中，他会变得不愿意表达自己，"既然没有人感兴趣，干吗还要说呢？"他要做的仅仅是用拖延回避掉自己觉得没法胜任的事情。

有些孩子，为了能引起父母的注意而努力让自己更好，如更高的分数、更出色的表现、更有见解、更活泼等。他们根据家庭的喜好来塑造自己，逐渐发展成了完美主义者。因为对自己期望过高、过多，而又害怕自己失败，越是想取悦父母，越是希望自己表现得完美，最后在巨大的压力下开始拖延。总之，在疏离的亲子关系下，孩子会通过努力追求完美，希望引起父母的关注而导致拖延。

对这两种极端的亲子关系，家长都需要做出调整，防止孩子发展成拖延者。

改变依附型的亲子关系很容易。每个人都有自己的能力，即使是孩子，也会自己想办法解决问题。如果大人不在身边，孩子为了拿到桌子上的美食，会自己搬凳子，踩着凳子爬到桌子上。如果你每次都主动帮他，你就永远也看不到孩子自己动手解决问题。只要适当地放手，孩子就会变得独立和自信。

同样，要修复亲子关系也不难，对于过于疏远的亲子关系，只要父母能做到对孩子的需要进行适当的回应，就能改善。在一个家庭中，大人和孩子之间的裂痕很容易出现，但是必须及时修复，只要一句："我没想到你这样烦恼，我可以跟你谈一谈。"只要父母能承担起责任，就可以跟孩子建立良好的正常的亲子关系，从而让孩子有足够的自信面对生活或者学习上的困难。

幼儿的自尊也需要保护

年幼时的经历会对我们的自尊产生深远的影响。当你开始拖延的时候，内心会感到惶恐不安，一些童年的记忆或者是陈年往事会涌上心头。这些回忆往往跟自尊相关。

自尊心受伤的影响会从童年持续到成年。最深远的影响就是导致他们缺乏安全感。在没有安全感的人眼中，即便看起来很平常的任务，他们都觉得自己不能很好地完成。他们始终认为自己生活在危险之中，总是感到恐惧，于是他们选择拖延，来应对潜在的或是想象出来的风险。对孩子影响最大的，是家庭对孩子自尊心的伤害。这也是造成他们日后没有安全感的原因。

一个自尊心膨胀的人，会觉得自己能面对任何事情。一个自尊心受创的人，则可能觉得自己无法做成任何事情。而一个正常的人，应该对自己有一个合理的认知，也就是既能知道自己的长处，也能接受自己的短处，同时还能保持良好的自我价值感。而在这方面，家庭起着非常重要的作用。

经常被过度称赞的孩子，会产生一种全能感，这是脱离现实的。而一个经常受到批评的孩子，会认为自己什么也做不成，是一个让人失望的人。一个控制欲强烈的家长，会让孩子缺少独立行动的机会，导致自我认知缺乏。

在一些拖延者的家庭中，幽默感等比较富于生活情趣的品质往往被忽略或者受到贬斥。交际能力、创造力、毅力和同情心等都得不到公正的评价。当跟一些拖延者沟通时，会发现他们印象中的童年，往往是痛苦的。可能他们的家庭遭受了一些变故，这样的家庭环境导致父母没能给予孩子足够的关注，或者伤害了孩子的身体和心灵。反复累加的小伤害，会形成巨大的创伤，这些创伤会一直伴随着他们，导致他们缺乏恰当的自尊心，从而对很多事情产生畏惧，这种畏惧会让他们在很多事情上变得十分拖拉。

人最初建立自尊都是通过父母和家庭，父母喜欢我们，还是讨厌我们？我们得到了他们的保护还是被他们抛弃？当我们向他们求助的时候，是得到了爱的回应，还是被不耐烦地拒绝？这些都是我们建立自尊的通道，是我们如何对待自己，和能够接受别人如何对待自己的关键。如果我们做错了一件事，或者经历了一次失败，我们该怎样正视自己？又该怎么样继续前进呢？

一个善于跟孩子沟通的家长，能帮孩子建立心理上的安全感和自尊感。

当我们建立了良好的自尊的时候，才能一个人去面对任务，探索未知的领域，发展自己的特长等。换句话说，有了恰当的自尊感，才能不害怕，不拖延。

注意力缺失，会引发拖延

在日常生活中，人们经常会出现注意力分散的情况。比如你正在看书，旁边还开着电视，你的眼睛就会时不时地往电视上瞟；正在吃饭的时候，外面有了喧闹声，于是放下饭碗去外面看热闹。这种注意力分散，自然会对当下正在做的事情造成拖延：打算半个小时看完一章的书，用了一个小时才看完；十分钟就能吃完的饭，结果花了二十分钟。在工作中，这种因注意力分散而产生的拖延更为明显，比如当你打算集中精力工作的时候，非常想看的比赛恰好在此时开始，你会时刻猜想当时的赛况，注意力就被分散了。尤其是，当你对手头的工作感到厌烦的时候，就更容易分散注意力。这是造成工作拖延的很重要的因素。

人们以前一直认为，注意力分散完全是心理因素的影响。一个人对另一件事情产生了更浓厚的兴趣，才会出现注意力分散。但是现代科学研究表明，注意力分散并不只是心理原因，某些情况下，生理也可以成为重要因素。

近二十年来，世界各地的一些具有相似特点的孩子被认为患有注意力缺失多动紊乱症类的疾病。

  长达几个世纪的时间里，人们发现有些孩子有类似的特点，他们好动、野蛮、乖戾、热情过度，说起话来没完没了，沉溺于幻想，但是始终找不到是什么导致了这些行为。直到近期，人们才发现了这些行为背后的秘密。

  在对大脑进行的研究中，人们发现，患有注意力缺失多动症的人在脑部某些部分的发育上和正常人不同。他们的脑额前叶部分较正常儿童发育迟缓，一般来说迟三年左右。脑额前叶是维持注意力、规范行为、计划未来和自我控制的部位，当脑额前叶发育不健全的时候，就容易出现上述的各种症状。

  注意力缺失多动症最核心的症状有三个：注意力不集中，容易冲动和烦躁不安。他们没办法把自己的注意力长时间集中到一件事情上，因此当他们在执行某项任务的时候，执行过程很容易自行打断，任务也会被无限拖延下去。有这种情况的人跟正常人的注意力分散不同，如果不是患有这种疾病的人，很难体会到想记住或者想集中精力而做不到的感觉。

  皮特是个患有注意力缺失多动症的孩子。他显得比一般的孩子要淘气得多，不是爬上爬下，就是撕扯东西，要么就大声喊叫，总之，他一刻也闲不下来。他倒是玩得不亦乐乎，可是看护他的人却被折腾坏了。因为他一刻也安静不下来，常常遭到家里人的训斥。后来，皮特上学了，可他还是老样子，他的注意力一刻也不能集中。放学回家，他没办法集中精力写作业，有时甚至会忘记作业的内容。对于他不感兴趣的事情，他都做不下去。即使是感兴趣的事情，也只是浅尝辄止，因为他的注意力总是在到处转移。不管是什么事情，他都会做得拖拖拉拉。

这种疾病的患儿在进入青春期后，大约有30%到40%的人会有好转，因为随着年龄的增长，脑额前叶也会渐渐发育，注意力分散的问题会渐渐减少。而另外的那些人，直到成年也难以摆脱这种疾病的困扰，他们的梦想很难实现，他们想做的事情也很少能做完，无论有多少个最后期限都会被错过。

正常人也有注意力不集中的情况发生，根据统计数据，在本人并没有注意的情况下，在15%至20%的时间里，他的脑子在开小差。对于正常人来说，当发现自己的注意力分散了以后，很快就能重新集中注意力。可对于注意力缺失多动症的人来说，收回注意力实在是太难了，他们没法把精力保持在一件事情上太久。

多数学者把注意力缺失多动症看成是一种生物因素上的疾病，而有些学者则认为它与环境影响是有关的。在现代社会，人们每天要面对诸多问题，有时会在同一时间接收多条信息，处理多件事情，人们必须不断转移自己的注意力，使那些事情能顺利进行。他们处理事情的方式和注意力缺失症患者的方式相同，都是采用简单处理一下就转移视线的方式。

不管是生物方面的因素，还是环境影响，我们都不该把他们看成是异类，他们只不过比常人更容易拖延，我们需要给他们更多的理解和帮助。即使是正常人，如果存在拖延问题的话，也会在某些时刻需要帮助。

对注意力难以集中者的几点建议

对于拖延已经成为常态的某些人来说,集中注意力并没有想象中的那么容易,因为外界总是有诱惑在干扰。有时候虽然能集中注意力,但是难以维持较长的时间,这也是让很多人苦恼的地方。而对于患有注意力缺失多动症的人来说,这方面的困扰更为严重,因为在注意力这方面不是他们自己可以控制的。

对于大多数患有注意力缺失多动症的人来说,总有一些他们不想做,但又不得不做的事情。为了集中注意力做事,他们总是在跟自己的大脑做斗争,这让他们常常感到疲劳和懊恼。其实,与其做无谓的努力,不如使用一些技巧。

患注意力缺失多动症的人和那些注意力较容易分散的人,在执行任务的过程中,难以长时间集中精神。这时候如果能保持短时间内完成一个小目标或任务的一小部分是非常有好处的。这样可以有效地抵制因注意力分散而导致的拖延。

集中精力做一分钟的事。一分钟对正常人来说非常短暂,集中注意力很容易,可是对于患有注意力缺失多动症的人来说,能在一分钟内保持注意力集中就非常可贵了。不要小看一分钟，在这段时间内，可以洗干净一只茶杯，写一张贺卡，把桌子上的几本书摆放整齐，等等。一分钟虽然短暂，但是完全可以用来处理一些生活的琐事。让注意力缺失的人，每隔一段时间，就有意识地集中精力一分钟，不但是非常好的训练，还能在一天内完成不少琐碎的事情呢。

另一个对抗注意力分散的办法，是在出现问题之后，立刻就做出反应。我们都知道饭店的服务生，他们只要看到顾客进门，就会立刻迎上去；只要顾客招呼，就立刻响应；只要顾客一走，立刻就会收拾餐桌。这一连串的行动几乎是机械的，像膝跳反射一样快。这个方法也可以借鉴过来。只要看到地面脏了，就把脏的地方擦干净；只要听到"饭熟了"，就立刻去拿碗筷；只要吃完饭，就立刻去洗碗。这种机械的反应，可以举一反三，运用到生活中的各个方面。

注意力缺失多动症患者总有一些问题是自己解决不了的，这个时候，就要求助于他人。如果问题严重，雇个人来解决麻烦也可以。

施耐德的事业很成功，尽管如此，他仍免不了有拖延的毛病，比如，他总是延迟报税。那是因为他总是找不到自己的收据、发票和税务票据。为了找到所有的票据，他常常翻遍家里和办公室的每一个角落。尽管这些琐碎的事情将他折磨得非常痛苦，但他还是无法集中注意力把它们处理好。因此在自己的税务问题上，他总是感到困难重重。最后，他想既然自己处理不好，不如干脆雇一个人专门帮他处理，于是他聘请了一名记账员，帮他处理票据问题。记账员建议他在家里和单位各放一个盒子，把所有的票据都扔进盒子里,自己每个月上门收走两个盒子里的票据,并帮他分类整理。从此,施耐德不必再分心在税务问题上,而他的公司也没再延迟报税。

施耐德虽然为雇用记账员花了些钱,但是他的问题解决了,人也轻松了。我们希望克服拖延,但面对自己无能为力的事情时,也可以巧妙地使用各种方法。对自己做不到的事情,找个人来帮忙,问题很可能会变得很好解决。在这方面,那些注意力容易分散的普通人也可以借鉴一下。

每个人都应该快乐地生活,当遇到问题的时候,最好不要用蛮力去对抗,我们需要灵活地使用技巧解决问题,而不是一味地跟自己的大脑做斗争。

第三章

戳穿借口，让拖延失去理由

不要为拖延找借口

每个拖延发生之前,都会有一个冠冕堂皇的借口。虽然我们都知道那是糊弄人的,不过为了掩饰自己的拖延行为,还是忍不住为自己的拖延行为找借口。因此,克服拖延的第一步,就是不要为自己找借口。

第一,不把忙碌当成拖延的第一个借口。上班族最常用的一个借口就是:忙。"我工作太忙了,没时间陪家人。""我最近很忙,不能去锻炼了。"无论什么事情,只要你说工作忙,别人基本不会有意见。可以说,这是个很好使的理由。没有人会深究你是不是真的很忙,所以不忙也可以说忙。只要你不想做事,就可以说:"我忙,没时间。"

还有人为了能名正言顺地说自己忙,干脆瞎忙,每天摆出一副忙得不可开交的样子,不是打电话就是发邮件,要是你耽误他一点儿时间,他就会不停地看表,告诉你他的事情还有很多。

当你想用忙说服自己不去做某件事的时候,稍微停顿一下,问问自己:真的忙到这种程度了吗?是否可以抽时间锻炼一下身体，陪伴家人和孩子？事情不是一下能做完的，各种责任都要兼顾。

第二，不要以累或不舒服为借口，拖延做事。人们都知道一个健康的体魄是多么重要。因此，你说自己太累或者说自己不舒服，当然不会有人再强迫你做事。可是对拖延者来说，他前一刻或许还在喊他太累了，后一刻，你就能看见他生龙活虎地在做别的事情。这就像是装病不想上学的孩子，他们声称自己不舒服，不能去上课，可待在家里玩一天电脑游戏也不成问题。

如果没有人监督，你会说自己太累了，而不做该做的事情吗？当你拖着事情不做的时候，是否在忙其他事呢？我们并不是把人当成铁打的，而是如果你为了拖延某事才这么说，那可要警惕自己的拖延动机了。

第三，不要以为时间多的是，而把事情拖到最后一刻。做事不慌张的人，让人感觉气定神闲，招人羡慕。有些人面对什么任务都不急不火，并不是由于自信，而是因为他们根本没把这个任务当回事，只要还能拖，就坚决不做。

每个月需要上交的报表，有人是每天做一点，当天的业务，当天就会录入工作报表。而有人则会说，那是月底的事情，月底再做就行了。可是天知道月底那几天还会有什么突发的事情，如果不巧赶在月底那几天你感冒了，可能要鼻涕一把泪一把地做报表了。

不要以时间还多为借口，只要今天还有时间，就把未来需要完成的任务做一部分，这样每天下班的时候，你的心情都会轻松很多。

第四，不要说自己在做一件更重要的事情，而把该做的另一件事情搁浅。这种借口也很常见，为了不做那些让你感到厌烦的事情，你宁可做另一件喜欢的事情。很多孩子偏科，在准备期末考试的复习中，他们总是把不喜欢的科目放在最后，先复习自己喜欢的科目，最后仓促地浏览一遍不喜欢的科目，或者干脆不看了。结果是好的更好了，差的更差了。

  一件事情如果真的那么重要，自然应该先做。可你每次这样说的时候，需要问问自己：你说的是真的吗？放在前面复习的科目为什么就重要呢？即使你讨厌数学，可它是必考科目，而你又不擅长，是不是应该提到更重要的位置上来呢？

  拖延者为自己找借口的本领非常之强，有时候，你会听到理直气壮的申明："不，我就不想做！"他们已经发展到，不用掩饰，而是赤裸裸地拖延了，就连责任也不能约束他们。

  如果你有拖延的毛病，可千万不要发展到那一步，还是看看身边那些从不拖延的榜样们，他们是怎样协调好各种事情的，为什么能轻松地完成各种任务。我们的目的是摆脱拖延，把生活和工作安排得更合理，而不是整天自己跟自己"打官司"，整天告诉自己"这个理由可以让我不做事"，否则，到头来，什么事情都没解决好，一切都让人感觉糟透了。

压力之下，你绝不会表现更好

"我在临近期限的最后一刻会表现更出色。"很多喜欢拖延的人都会这么说。这种错误的认识非常普遍。信奉这个观点的人认为，当期限越来越近的时候，压力也越来越大，内心的紧张带来的刺激可以激发他们身上的潜能，因此一定要等到最后一刻才行动。如果你就是这样的人，那无论生活上的事，还是工作和学业中的事，或者社交方面的事，你都会用这个方式处理。我们常常看见提交工作文档的那个早晨，有些人是黑着眼圈来上班的，这就是前一晚"奋斗过"的标志。

像这样完成任务的方式，是好的吗？我们都熟悉"压力下会表现更好"这句话，可是它未必是正确的，至今，也没有哪个研究能支持这个观点。显而易见的另一个观点是，拖延就是浪费时间。

相信压力下表现会更佳，就会让人产生一种心理，仿佛自己在和时间赛跑，这种紧迫感能唤醒懒惰的身体和涣散的神经，这样才有利于很好地完成任务。可是事实真的如此吗？心理学家将这种拖延称为"追求刺激"。这种拖延者需要时间紧迫带来的刺激感,最后期限带来的高压,能使他们获得这种刺激。

一个追求压力的拖延者,往往很难集中精力,任务不能让他们打起精神来,他们相信,只有最后期限带来的刺激感,才能唤醒他们,让他们暂时摆脱那种麻木的状态。但是,拖延者在追求刺激的过程中,真的能够摆脱麻木吗?寻求刺激是他们拖延的原因吗?

小吴的上司在周一的早上让小吴在周五上交下个月的销售计划。这样看来,他有四天的时间可以准备。周二的晚上,他和孩子约好了,要一起去上钢琴课。周三的晚上,他约好了姐姐,要去她家参加家庭聚餐。周四的晚上,他和海外事业部要召开电话会议。好吧,他唯一有空的时间是周一的晚上。因为白天还有日常工作,他不可能抽出时间写这个计划。

可是他习惯在最后的期限才动手,于是周一的晚上,小吴没有写。周二、周三、周四小吴都按部就班做了那些早就计划好的事情。如此一来,周四的电话会议一结束,他就应该立刻投入到写计划书的工作中,可是他没有。周五下午,一个同事刚刚出国回来,他想从他那里得到一些相关的旅游资讯,因为他正计划带着全家去国外度假。于是,小吴跟这位同事共进晚餐,谈旅游的细节。时间过得真快,晚饭吃完都八点半了。回到家已经九点,这时候他才开始考虑写计划书的事情。他相信自己在最后的几个小时里,会冒出很多创意的点子,因为他一直如此,他相信在压力下的刺激感会唤醒大脑。就这样,他花了几个小时将计划书赶出来了。

小吴宁可跟海外归来的同事共进晚餐，也不愿意着手工作，并且认为自己在最后的几个小时，会表现更好。拖到最后的期限，当然不会有太优秀的表现。在最后几个小时之中写成的计划书，当然不可能得到上司的嘉奖，因为它不可能是最棒的。

临场发挥永远比不上提前准备。针对一项工作，拖延和不拖延相比，拖延带来错误的概率会更高。虽然拖到最后一刻的人并不认为自己做得很差，可是实际上肯定没有心境从容的状态下完成的效果好。只是他们不能针对自己的任务，很好地规划时间，而且也不能将多项任务做好合理安排，他们老是不能及时进入工作的状态。

拖延不会带来优秀和成功。拖延者认为拖到最后一刻，在紧迫感下完成任务，才是最正确的选择。其实这恰恰是在犯一个错误，这样等于一次次地向后退，直到最后一刻才动手。在最后的压力下，得到的不是推迟任务后的刺激感，而是最后的期限带来的焦虑感。也就是说，他们把"焦虑"误认为是"刺激"。

在这种焦虑中，人的脑海中会出现一些闪光，让人误以为那就是被"刺激"唤醒的灵感，而拖延的真正原因是："我根本做不到"。在最开始的时间里，这类人完全没法投入到行动中去，因为他们精神是涣散的，不能被完全调动起来，很容易就被不相干的事情"勾走"了。

人们一再声称的"压力下会表现得更好"，其实是一种错觉，听起来似乎很合理，大多数人也会对这种说法表示认可，所以他们不厌其烦地以此为借口，而对拖延的真正原因绝口不提，也许他们根本不知道真正的原因是什么。

"最后一刻"只能让你陷入被动

一些有拖延习惯的人在潜意识里需要最后期限带来的压力,只有在那样的重压之下才能开始行动。这类人不会高喊"压力下才会表现更好",从这类人的行为,可以看出他们只是在重压之下,才会付诸行动。只要还有时间,他们就一动不动。他们一般会说:"不到最后一刻,我就不想动。"

只有在最后一刻,他们的脑子里才会闪现出不能完成任务的后果,这样他们的精力才能集中在当前任务上。

你有这种时候吗?马上就到截止日期了,你才开始焦头烂额地开始行动,或许你觉得自己无论如何也完不成了,你真想问问:"我可以延期吗?"虽然之前你有大把的时间,你也明明记得该做的事情,可是你宁可数着日子一天天过去,也不愿意碰那个任务一下。如果你有这种情况,那你也是个拖到最后一刻才能动起来的人。

在这种情况下拖延的人,往往不愿考虑未来,只关注当下的感受。最后期限来临的时候,他们才能感受到沉重的压力,并开始行动。哪怕再早一个小时,他们都感受不到压力的存在。比如有的孩子本该在放学后就写作业,可是他们就是不愿意写,干干这个,忙忙那个,直到该上床睡觉了,才想起作业还没做,于是强打精神去写作业。若是写不完作业,他们可能会在第二天向老师请求说:可以晚一点交作业吗?而拖延的时候,他们可不会考虑当晚写不完作业就得厚着脸皮请求延期交作业。不到睡觉的时候,作业的压力仿佛就不存在。

临近最后期限几乎被这种人当作是开始行动的信号,他们倒不是认为自己在压力下会表现更好,而是在压力下才能让自己动起来。

要克服这种情况下的拖延,就应该将眼光放长远,比如:今天做不完事情,明天会怎么样?下周有哪些事情是必须做完的?是不是本周就该动手了?那么下个月呢?

人的一生那么长,有很多时候要考虑到将来会如何。为了将来,我们得不断地做各种计划,让我们在未来更得心应手。

对于一件必须在某个时间完成的任务而言,当有充分时间完成任务时,压力并不那么明显,而随着时间的推移,剩余时间越来越少,压力就会越来越大。

对于拖到最后期限的人来说,沉重的压力仿佛是悬在头顶的严厉的鞭子,只有这样才能使之行动。他们拖到最后一刻,才能动起来,完全是压力使然。我们的目的是克服拖延,而非为将来紧张,弄到寝食难安的程度。如果你花点儿心思记住将来需要完成哪些事情,以及现在不做某事会对将来产生的影响,就可以提前感知到压力,而不是在最后期限来临才感受到强烈的压力。提前感知一些压力,更利于安排好时间。

拖延到最后期限才动起来的人,很少能在期限内完成任务。

他们的内心往往会有延期的渴望："截止日期到了，延期吧！"一开始行动，你就发现时间不够用了。可是这个截止日期意味着什么呢？如果是农民，他们耕种的截止日期就是节气，大自然是不会给拖延的农民延期的。而现在的截止日期多数都是人为规定的，也就是说可以人为更改。这个规定期限的人是谁呢？也许是你的上司。如果你想延期，那么你要向上司申请，看看他能不能批准。就算他同意了，也未必就是一件好事，因为你已经让他收回了自己第一次说的话，这对他是一种冒犯。一旦延期，那就意味着一开始制订期限的那个人食了言。

申请延期可不是一件好事情，会给上司留下不好的印象。

在美国，人们普遍都能接受拖延和在期限截止前加班加点。就算截止日期根本不可能往后推，那也无所谓，反正在最后一秒钟能完成任务就万事大吉了。我们有时候会发现在期限的最后一秒钟，会有一片呼声，那些人基本都是在最后一刻开始行动的。

在美国，所有参加工作的人都知道递交纳税申请表的日期，可还是有很多人在截止日期的夜里十一点才邮出自己的申请表。如果这件事情可以申请延期，税务部门会收到很多延期申请。

在卡萨斯的中央邮局门口，人们专门聚集在一起，举办聚会，为最后一秒寄出申请表的人欢呼，还举着大大的标语。人们不是为那些提早递交的人欢呼，而是在庆祝终于在最后一刻发出了信件的人。这几乎是在鼓励人们最后一刻才行动。这不能说明拖到最后才是正确的。另外一些人早就已经提交了，他们不拖延，也不会为此而激动和庆祝。

把事情拖到最后一秒并不是什么美德。为什么这些最后提交申请的人要活在时间的边缘？又为什么而欢呼呢？没有压力，他们就行动不起来，欢呼可不是表扬，无非是庆祝侥幸而已。我们提前就应该把事情安排好，如果你愿意，你总会有时间把那些事情做完。如果你去调查一下那些在最后一刻才递交纳税申请表的人，你会发现前一天或者前一周，甚至前一个月以来，他们根本不会把提交纳税申请表当回事，多数人并不是忙得不可开交。他们并不缺乏时间，而是他们在那么长的空闲时间内感受不到压力，唯有最后一刻的紧迫感才能让他们付出行动。

如果我们考虑到将来有将来的事情要做，就把眼下要做的事情在最后期限还没到来的时候列入行动清单，然后该做的事情就十分明确了，我们必须对手头上所有的事情有一个系统的安排。未来就攥在你的手中，把现在该做的事情做好，等于为将来的事情做好了铺垫。

你的工作压力真的那么大吗

工作压力是最常见的一种压力，它能提升人的能力，同时也会给人增添烦恼。在紧张的现代生活中，工作中压力为零的情况基本不存在。在一般人的理解中，跟压力相关的词都是比较负面的，比如疲倦、忘忑、焦虑、担忧、压迫等。这些都是非常容易引发拖延的因素。

工作压力容易引起一些心理上的变化，进而引起拖延。长期承受着巨大的工作压力，会让人们对工作越来越不满意。当人们对工作产生不满的情绪后，除了抱怨和忍耐，就是渴望逃避，谁还能积极地投入到工作中呢？巨大的工作压力还会带来一些身体变化，也会导致拖延。因为过大的压力会导致入睡困难，身体修复能力差等。身体欠佳，精力不足，怎么能立刻行动呢？

每个身在职场的人都在抱怨压力大，从普通的文员到部门负责人，甚至到老板。如果能将这些压力分解或者转化，你的思维、感受、行为也可以少受压力的影响。

为了便于应对压力，我们把工作带来的压力分为两类：一类是由周围同事带来的现实压力,另一类是自己想象出来的虚构压力。

第一,来自周围同事的压力,让你仿佛深陷泥潭,没法高效工作。身边的一些同事可能会无意识地削弱你的能力,让你出现被动拖延的情况。有些人不是把错误归咎于你,就是使劲拖延,最后让你打扫战场;还有些人想显示自己精明能干,故意让你难堪,让你一边干着活,一边战战兢兢;另外一些人可能是负能量的人物,一有机会就对着你抱怨工作如何不顺心,弄得你也安不下心来干活。面对这样的环境,你并非一定要掉进他们的陷阱,你完全可以通过控制自己,创造一个舒适的内在环境。我们没法把握别人,但我们能控制自己。

二战中,犹太人在德国纳粹集中营中受尽了非人的虐待,在煎熬中惶惶不可终日,很多人丧失了活下去的信心。精神病学家维克多·弗兰克尔也被关进集中营。但是,他有一个坚定的信念,那就是为了家人,一定要活下去。他深受古代斯多葛派哲学观点的影响,相信人可以选择自己内心的想法。在极其恶劣的环境中,他始终相信德国哲学家尼采的观点——如果一个人知道为什么生活,那么他就能懂得如何生活。维克多就这样支撑和鼓舞着自己。恶劣的生活环境和非人的虐待虽然痛苦,但没有吞噬他活下去的信心。他坚信,只要从内心把握住自己,总有一天可以跟家人团聚。他曾被先后关在几个集中营里,靠着这个信念的支撑,他最终活了下来,重获自由。

就像维克多·弗兰克尔一样,面对外在环境的巨大压力,你可以找到一些方法,来消除压力的影响,坚定自己的决心。工作环境的压力再大，相信也不会比纳粹集中营更甚，既然维克多能靠这样的方法活下来，你为什么不能试试呢？

办公室内常常存在着看不见的斗争，如果你的注意力过于集中在这方面，自然导致精力分散以致无法对工作全力以赴。而如果你换一种视角和心态，就可以做到自我控制，把精力用在自己的工作上。

我们不能改变世界，但我们可以改变自己。要是换成这个心态，你还是觉得万般难耐，那你真要考虑换个工作环境了。

第二，在工作中，你所感受到的压力并非都是真实的，其中一部分是你自己虚构出来的。例如，你在头脑中将刚刚下达的工作任务困难化了，你认为新的工作流程会让你效率低下，等等。刚刚下达的工作任务，还没有开始做，你怎么就知道它到底有多困难呢？而工作流程总是在改善，只是你对旧有的、已经熟悉的流程念念不忘，不愿意改变而已。

在克服拖延症的培训班里，有一个姑娘，她说自己总是完不成任务的原因是整个部门的人都不喜欢她，让她工作起来困难重重。她的工作中有很多是需要同事配合的事情，可是她觉得那很麻烦，不愿去做那样的事。

她所在的整个部门有29个人，培训班的辅导老师请她写下29个人的名字，并让她举出这些人讨厌她的证据。结果她发现，可以确定的不喜欢她的只有3个人，而其他同事都没有对她表现出任何的不满，甚至和她配合得很好。于是这个姑娘不再相信"每个人都讨厌她"了。抛开这个虚构的压力后，她的工作更流畅了，和同事们的合作更默契了。随着这些变化，她的工作效率提高了很多，拖延的问题也缓解了。

我们头脑中那些虚构的压力造成的影响不容忽视，必须消除。当你把那些想象的困难当成真实存在的时候，不妨把它们具体化，比如，觉得某人对你有敌意，那你想想可有证据，他可曾真的做出伤害你的事。这样做，很容易就能发现它们的不真实。这个姑娘就是如此，她认为所有同事都讨厌她，因此她跟同事在协作时，会有拖延的情况发生。而当她相信事情不是那样之后，情况就有所改观，拖延得到了缓解。看来，针对我们头脑中存在的那些压力，真是要好好论证一下，把那些虚构的压力从你的脑海中剔除掉。

为拖延找借口，是一种"自我束缚"

拖延的害处很多，几乎每个人都能说出几条，甚至能举出例子，比如你没有按期还款，导致信用卡的利息翻倍；没有按时吃药，导致疾病久久不能痊愈；拖延了计划好的全家旅行，孩子们开始对你抱怨……这样的事情真是太多了。可是你为什么还在拖延呢？

可能你的潜意识里依然认为拖延对你有好处，或者你有一个很好的理由为自己的拖延开脱，你有很好的理由不去做那些并不十分想做的事。

比如有的学生，期末考试来临，可他并没有充分地做好复习准备。考试前几天，他患上了感冒，心里反而轻松了，觉得考不好的话，就可以以生病为借口。于是，他不着急治疗，一直拖着，到考试时，感冒加重以致无法参加考试。到最后，不得不补考。这时，生病貌似是一个很好的借口——"我在生病，不能参加考试。"

这种行为就是心理学上常说的自我束缚，说得简单些，就是给应该做的事设置障碍，阻止自己完成任务。这种情况常常发生在人们对自己要做的事情没有信心的情况下。他们害怕失败，因此急着在前进的道路上设置障碍，如果事情的结果确实不太理想，他们就有了为自己申辩的理由。这种处理方式久而久之会限制他们的个人发展。

在美国的宾夕法尼亚州，有一名律师，他也是一位拖延者。一家酒吧委托他代理法律事务，可由于他的拖延，酒吧的售酒执照被吊销了。酒吧的老板声称，从四月份开始，他就委托他办理相关事宜了。可是律师一再拖延，结果到了七月份，酒吧的执照被没收了。根据当地的法律，就算老板再聘请其他律师，也只能取得恢复营业的权利，而不会再取得酒类经营权了。

这位律师因为拖延让酒吧老板无法正常经营自己的酒吧了，他自己也失去了一个工作机会，更可怕的是，他也因此毁了自己的职业形象，他的潜在客户和当下的客户都开始怀疑他的办事效率。

这位律师给自己找了一个借口，他说七月份的时候，他的家里出了事情，导致他没能及时把酒吧的售酒执照手续准备齐全。可根据酒吧老板声明，从四月份他就接手了酒吧的法律事务，那么四月、五月、六月中，那么长的时间，他为什么没有做准备呢？这就是一个自我束缚的例子。

有些人错误地认为手头的事情如果晚些开始，他们就能更好地完成。如果你早上不想去超市买菜，你为自己找了很好的理由说：晚上去买，价格会更便宜。有些超市确实如此，他们不想把蔬菜放到第二天，就会在当晚降价处理。事实也的确如此，可是等你傍晚真的到了超市，就会发现那些蔬菜都是些被挑剩下的，很多都是坏的，你根本没有选择的余地了。你只能在这些被挑剩下的菜里勉强选一些能吃的。你为自己找的理由不过是一个靠不住的借口而已。

一些自我设置障碍的行为，确实能很好地充当你失败或表现欠佳的理由，可是这样一来，你也失去了当下解决问题的机会，久而久之，你束缚了自己。

生活中阻止我们顺利完成某事的障碍已经有很多，要找到一个拖延的借口并不难。而拖延者总是以障碍为借口，心安理得地不完成任务。也就是说，明明是他们自己拖延，却把原因归罪于某个障碍。

有些人到了老年，才为自己没有完成的事情感到遗憾，甚至后悔自己没有更加努力，然而时光不会倒流。那些被拖延的小事也许无足轻重，但事业上的拖延，会让一个人的发展受到不可估量的损失。每个人都要尽力破除达成目标的障碍，而不该为自己设置障碍。

为失败找借口，就是为行动添束缚

二十世纪五十年代，英国首相罗德·米克米伦在事业上经历了挫折，最终失败了。有人问他为什么会失败，他的回答是："亲爱的，因为出大事了，是大事！"这是一个典型的为失败找借口的例子。为失败找借口，掩饰自己决策的失败、行动的失败，这种事情在生活中屡见不鲜。这些借口又会逐渐演变成束缚他们的绳索，让他们行动不起来，成为一个拖延者。

错误的决定会导致失败，但是并不能因为失败，就不行动了。正确的做法，或者说对人生有益的做法是，在失败的基础上总结经验教训，继续努力，争取下一次不再失败。

你为自己的失败找过什么借口吗？"要不是……的话，我就不会决定那么做了。""这不是我的错，我本可以做出更好的决策的……"说这样的话，是为了向别人强调，完全是因为种种障碍，才导致了你的决策失败，而你本身是优秀的。然而借口不过是掩人耳目，有时候骗的不是别人，而是自己。

没有什么事情总是一帆风顺的，障碍常有，失败也很正常。

就算把现实中的障碍当成失败的借口，又怎样呢？失败还是失败，错误也还是错误，遗憾和影响都不会减少分毫。

　　人们相信你很优秀，你自己也坚信这一点。如果你因为迟到，没能走进考场，失去了参加考试的机会。至少在这次考试中，人们无法验证你的成绩。而你，是否也心安理得地把所有的罪过都归于迟到，并且认为，自己如果参加了考试，肯定表现非常出色。你为什么会迟到呢？在你找借口的时候，可能已经把这个问题抛到一边去了。你忘了问问自己为什么不早点出门，为什么不提前半小时到达考场，是什么让你选择了一个错误的出门时间，在你找借口的时候，就会忽略真正的原因——你选择了一个过迟的出发时间。

　　事实上你需要加强时间观念，可是因为把迟到当借口，结果让你远离了真相。本来你可以总结失败的教训，敦促自己在下一次考试中不再迟到，并把你的优势展现出来。可你自己也相信了这个借口，根本看不见真正的教训了。别再花心思为自己的失败找借口了，借着失败的机会，你该审视自己的内心和生活，这样你才能被引领到更高的境界中去。

　　一旦被借口蒙蔽，沉溺于心里得到的片刻安宁，你很可能会养成找借口的习惯。"因为我太腼腆了，面试总是不太会表现自己，所以我总是找不到像样的工作……""本来我可以考上更好的大学，可我成绩好有什么用呢，我每次考试都会晕场，我太紧张了……"这些"借口"影响最深的不是别人，而是你自己。是你自己被那些借口设了限，最终束缚了自己。

　　你相信"晕场"阻碍了你，于是你怎么也考不好；你相信自己太腼腆，导致你在面试中表现欠佳，结果就总也找不到更好的工作。这些借口就像是绳索，在你的身上紧紧地缠绕着，还打了"死结"。你被束缚了，可悲的是你从来没有想过要挣脱这些束缚。

用借口束缚了自己的人，思维已经凝固，在同样的事情上，怎么也不能走到正确的道路上去，他们会在错误的认识上停滞不前，成为一个拖延者。

第四章

克服拖延症的前期准备

改变，从接纳自己开始

接纳自己就是接受真实的自己，接受客观事实。对于拖延者来说，往往对自己的拖延十分不满，并在拖延的过程中充满了自责和沮丧。然而沉浸在不良情绪中，不但不会有助于事情的解决，反而会加大行动的阻力。

在每个人的心中，往往会存在一个想要的自己和想要的现实。想要自己能力出众，能没有瑕疵地完成自己的工作或任务；想要现实中任何事情都一帆风顺，身边围绕着鲜花和掌声。然而，理想很丰满，现实很骨感。现实中，每个人都有自己的短板，且不能顺利完成的事情十有八九。如果一个人过分沉迷于那个想要的自己，是无法接受现实与理想的差距的。于是，他就会陷入妄自菲薄和沮丧的糟糕情绪中。所以，接纳自己说起来很简单，其实并不容易，你必须放弃那个想要的自己，正视自己的不足与当下的现实。比如，一个刚步入大学的大学生，对自己的大学生活的设想是从不旷课，成绩优异，按时写好论文，然而，现实是他总有事情比去上课重要，总是在考试前夕临时抱佛脚，论文也是到了最后的期限才草草拼凑而成。对于现实中的这个自己，他肯定是失望透了，悔恨和沮丧始终在内心徘徊，越是想变成那个想要的自己，就越是痛恨现实中拖延的自己。

然而，想要改变，前提是你的内心能够接纳自己。自责、丧失信心等都是能吞噬一个人的能量的不利因素。一个能够完全接纳自己的人，不会被这些不良情绪困扰。理性地认识自己，克服不良情绪，就能有效地行动。

当你能接纳自己的时候，就是开始改变自己的时候了。面对自己的不足，内心不再懊恼自责，而是对这些有了认识后，将精力花在积极进取、改善不足上。这是非常积极的力量。

接纳自己就等于接受理想的自己和现实的自己之间的差距。为此，你需要追问自己一些问题。

第一，你做的事情中，哪些是顺利完成、没有拖延的，你为什么会有那样的状态？而那些被拖延的事情中，你的那些行为或念头是什么样的？无论你是怎么想的，都承认吧！至少要对自己诚实。

第二，如果你没有积极行动起来，首先承认"我就是拖延了"，然后问一下自己，我为什么会拖延？是能力不足，还是精神涣散？找出真正的原因，而不是借口后，对症下药即可。记住，不要总为自己找借口，要知道正是那些借口降低了你的行动力。

第三，你需要不断调整自己，才能适应这个环境吗？你用一成不变的方法和流程能解决所有你要面对的问题吗？你能用不变的方法和流程适应好你所处的变化的环境吗？

在你能接受自己以后，并不等于万事大吉了。找一件你认为相对容易，且对你有意义的事情，克服困难，尽力发掘自己的潜力，这样不但可以提升自信心，且能提升自己。有人说这个过程相当神奇，这种情况下，你的心跟全人类的思想是相通的。不过我没觉得，我只知道做这件事的过程中，不可缺少的一点是坚持，离开坚持，那就什么收获也没有。

在试图完成这件有意义的事情时，整个努力的过程，你会不断遇到曾经有过的心理状态。比如，你可能会发觉自己懈怠了，因为你觉得辛苦，你需要休息。休息当然可以，但是也要有个时间段，在你停下来休息的时候，请计划好再次开始的时间，并严格照做。每个人都会疲惫，我们不是机器，承认自己累了，需要积蓄能量再出发，又有何不可呢？

可能有时候，你发现自己暂时还不具备那个能力，想半途而废，把它扔到一边去，因为这件事情太难了。你完全可以承认自己能力不够啊！我们不是生来就什么都会的。任何能力都是不断锻炼出来的。既然你可以这样想了，那么你就可以相信再难的事情都可以分解，你可以把它分解成容易操作的小事情，继续努力。比如为了准备教授要求的论文，要在前期准备阶段进行各种烦琐的查阅，既然论文不是一天能写好的，为何不能像蚂蚁啃骨头一样一点一点地啃呢？只要你尽早行动，每天都把自己能做的做到，时间一长你会发现自己已经前进了一大步。

任何情况之下，都不要轻易否定自己，带着谴责自己的心态上路，相当于增加了自己的负重。如果你能接纳真实的自己，那么你就可以把注意力转移到事情上来，而不是一直在不良情绪中束缚自己。

审视自我状态

改变的第一步是了解自己的拖延习惯,以及这种习惯背后的障碍。了解自己拖延产生的过程,对克服拖延有好处,它能让你的目标更清晰,你的行动才不会白费力气。

就算你现在并没有打算立即就战胜拖延,可是现在了解那些障碍是如何阻碍你的,也会在未来与拖延斗争的时候,帮你理解和运用好各种战胜拖延的方法。

从拖延的泥淖拔出脚来,并提高效率,首先要改变自己的状态。之前,你一直被拖延的种种思维和感觉束缚,让你一拖再拖。而现在,你要进入一种审视自我的状态,在这种状态中审查自己存在的问题。

当你过于沉浸于内心的挣扎时,可能会担心自己拖延的习惯被他人指责,久而久之,会陷入一种焦虑和恐慌的情绪,这时候的你很难把关注点放在高效率上。如果不愉快的心情控制了你,拖延就成了一种必然。这种只关注内在的状态,其外在表现就是拖延。

自我观察和行动的过程，能让人从关注内在转向关注现实。第一，把自己的想法和行为作为观察对象，对自己做一次检查。第二，从观察中科学地分析出结论或推断。第三，预想可能的结果。第四，向着最积极的结果努力，行动起来。第五，总结自己对抗拖延的收获。

这个实践的过程多次重复以后，你的注意力可以从注重自己的内在感受转向自我观察。为了更好地觉察自己拖延的阻碍项，可以为自己做一个对抗拖延的观察日记。当你发生拖延的时候，你可以记录自己的想法、感受和行为，这对观察自己是有利的。

观察日记是针对你的想法的再分析，从中可以发现你的想法、感受和行为之间有什么联系。日记的形式并不重要，你可以像写一篇正常的日记那样写，也可以只记录必要的几项。日记的内容主要针对拖延冲动，记录下你对自己说了什么，你的感受是怎样的，你为什么事而分散了精力。记录的时间是尽快，想到就马上写下来，如果不能及时写也要尽可能早地记录，详略程度的要求是便于你回忆起当时的想法。最后记录行为的结果，完成任务的效果如何，是优质的吗？是用什么方式完成的？

在你对自己的观察过程中，你的想法和行动变得清晰起来了。不像以前，一件事情稀里糊涂地就被搁置了，你唯一知道的是自己没完成或者没坚持，但并不知道自己到底怎么了。

另外，观察日记针对自己的思维进行了再思考，这样你的目标更清晰了，在行动过程中，一些能尽力避免拖延的手段也会浮现出来，这无疑是一种自我发掘的过程。

在坚持写日记以后，你自然会发现记录你的想法、感受和行动是非常有意义的，也就是在你能坚持下去的行为中，你知道自己得到了哪些收获，这些收获能运用于哪些方面。

写日记的关键一点是，你的注意力已经改变了方向，逐渐理解了拖延的过程。当你立即写日记的时候，你的那些拖延的思维也被打断了，你更多地成了一个以自己为对象的观察者。拖延是一个很顽固的朋友，并非一朝一夕或者通过一两次练习就能克服，克服拖延是一步步的、持续的行为，它会变得越来越容易。自我观察终会有回报。

仔细体会拖延的痛苦

拖延者的内心其实是很痛苦的。拖延者除了要面对拖延带来的负面影响之外,还要被随之产生的精神压力折磨,这才是最大的痛苦。而用心体会拖延的整个过程中的每一次心理变化,则会增强我们克服拖延的决心。

一般情况下,拖延的心理变化的过程是:开始拖延时是自我安慰,期限临近是焦虑不安,最后是品尝拖延的恶果以及由此产生的后悔和惭愧。下面这个案例正是完整体现了一个习惯性拖延者的整个心理过程。

小王是一个业务员,每个月都有固定的销售任务。但是,他经常拖拖拉拉,已经好几个月没有完成销售任务了。

月初时,小王想着上个月因为拖延没能完成任务,告诫自己道:"我不能总是这样,这次一定要积极工作。"前几个月没有完成销售任务,只能哀叹自己拿不到奖金,他觉得不能再重蹈覆辙,于是为自己制订了一个完美的销售计划,只要能按这个计划执行，肯定能让自己的销售业绩排名前进几名，这根本不费力气。这时的他，十分自信，满怀希望，但是并没有马上行动起来。因为，他想这个月才刚开始，还可以轻松几天，只要到时候实施了那个计划，任务就会圆满完成。

就这样，小王信心满满地过了几天轻松日子。一天，小王坐在办公桌旁，突然发现日历已经翻到了十一号。"天啊，日子过得实在是太快了，我还什么都没做呢。"他赶紧去翻找那份完美的计划表。可是，月初那几天，他连最基础的工作都没做，想要完成任务谈何容易。但是他转念又一想，好在还有二十天时间，只要他立刻行动，提高效率就可以了。此时，最初的信心变成了紧张。他觉得自己需要去调查一下市场，或者去拜访一下客户，于是鼓励自己说："我还有二十天，不用紧张，只要我努力就行了！"

小王拜访了老客户之后回到办公室。他开始计算自己的收获，这个月客户们会给他带来多少业绩。他尽量不让自己想到拜访老客户是他本该在月初就做好的。如果他那样做了就能估算出自己还需要拓展多少新客户才能达成销售任务。而现在再去拓展新客户，他很可能在月底之前完不成任务了。他用统计好的老客户的需求安慰自己说："看，好歹我也算是有收获了，我已经开始了。虽然迟了一步，但还是有收获的，只要我在努力，完成一半的任务额，还是没问题的，更何况也许不止一半，百分之七八十也是有可能的。"他尽量不去考虑白白浪费的时间，毕竟期限还不到。他也知道自己完不成任务了，虽然他的焦虑在增加，但他还是没有去拓展新客户。

很快，上交业绩报表的日子到了。此时的小王，之前的乐观和自信全都不见了，取而代之的是难熬。他的完美计划早就被他抛在了脑后，他没有时间再做任何努力了，现在就要统计好销售业绩。这个月的任务依然还是没有完成，而且在公司业绩排名里还会是倒数。他想到大家看销售榜的时候，会用什么样的眼光看他，想到上司会对他的表现不满，他几乎要崩溃了。"要是再积极一点就好了，我该多花些时间去拓展新客户的。"他痛苦地责备自己，连手头的报表都做不下去了。

"要不是这个月新来的同事太多，上司让我带着新同事熟悉业务，我本可以完成任务的。要不是销售部的活动太多，我还可以更加专心于本职工作……"小王使劲地回忆这个月被占去的工作时间，为自己没能完成销售任务找理由。他把自己带着新同事熟悉业务的半天时间扩大化了，就好像整个月都在带新同事一样。最后，他突然发现这个月是销售的淡季，然后他觉得大环境才是没完成任务的主要原因，而根本不是因为自己一拖再拖的缘故。

整整一天，小王都在懊悔和找借口。终于下班了，他想找朋友们一起吃晚饭，这样可以聊聊天，可以出去玩耍一下，唱唱歌也好啊。他只想让自己换换心情，让自己高兴一下，把那些不开心的事情忘掉。结果朋友跟他吃饭的时候，他也没能摆脱糟糕的心情，那种要被上司责骂的预感老是来敲打他的脑门。"同事们会鄙视我吧？下个月的薪水又不会有多少了，那些完成销售任务的同事又可以耀武扬威了……"极力想开心的小王，怎么也开心不起来。

小王所经受的心理煎熬在每个拖延者身上都曾出现过。在做一件事情的时候，我们往往开始的时候很有信心，在这个时候仿佛美好的未来唾手可得，任由时间悄悄流逝，也不会采取任何行动，仿佛时间还有的是。而到了中途，我们发现最好的时光已经悄悄溜走，于是在匆忙行动的时候，后悔和自责开始悄悄滋生，可这时并没有完全投入到行动之中，而是得过且过，即使做出了一些行动，也是在应付。时间过去大半，借口不断地跳出来，拖延者尽管万分后悔却又不敢正视自己的行为，企图逃避。这样一来，原来的美好愿景全都化为了泡影。最后怎么也摆脱不了拖延之后内心的自责。

  回忆一下自己因拖延而产生的痛苦和煎熬，当面临一个工作任务或生活计划时，当你用心体会那种心情时，你一定会对拖延深恶痛绝。

拖延症不是一天养成，也无法一天克服

拖延症不是一天两天形成的，它是一个长时间积累的过程。比如你不能做到早睡早起，你是第一次拖到半夜十二点才上床休息吗？你是第一次起晚了吗？当然不是，这个习惯完全有可能伴随了你若干年。因此，克服它也不可能一蹴而就。

为了跟顽固的拖延症对抗，有两个步骤必须不断重复，那就是在行动中调节和在调节后继续行动。

行动，就是针对一个目标去实践，体验改变的过程。回顾了拖延带来的糟糕心情之后，我们就可以开始调节自己的行动了。现在从心理层面转到实践上来。在行动方面，为了取得良好的结果，你的想法和意图要经过测试，找到你积极行动并取得良好结果的那一部分因素，看看你的情绪和观念发生了哪些变化。

调节，就是把自己的认知整合起来，用新的方式思考、感受和行动。在这个环节，高效率的观念和拖延的想法会进行斗争，它们可能同时存在，不断发生冲突，而你的行为就是它们斗争的结果。可以这样说,当你想明天再做的时候,可能立即行动的观念并不肯退缩。

在行动的过程中,你那些脱离实际的想法会一点点地被发现。无论你的觉悟如何高,如果不通过行动来检验,你就不知道自己的拖延程度还有多深,更不知道自己的行动是否变得更有效率了。只有通过行动,才能取得进步。

如果你之前没有针对自己的拖延做过原因分析,也可以从行动这一步入手,在行动中逐步发现那些拖延的内在过程,之后开始进入体验改变的行动。在这个时候,你就成了一个改革者,你要不断注意自己的变化。给自己制订一个行动的计划,始终贯彻立即行动的理念,用严肃认真的态度看看预期的目标能实现多少。

第一,做一个行动的计划,当你想拖延的时候,引入一种克服冲动的方法。平静五分钟,克服冲动,之后看看自己的想法有什么改变。

第二,经过五分钟的冲动克服之后,开始"立刻行动"。你真的做了吗?你有收获吗?

调节并体验新的想法、感受和行动,让自己的思维接受它们,这对你来说可能要花些时间,一个人的想法并不是那么容易改变的,但是如果你认识得很充分了,相对会容易一些。

第三,把自己想法中的"推迟更好"和"立即行动"做一个比较,你认为哪个更好呢?当你能"立即执行"的时候,你得到了什么。如果你相信"拖延更好",那么你又得到了哪些收获呢?为什么好像拖延更好,而实际上效果却很糟糕?

第四,如果你正处于拖延和逃避的状态,你能一下就变得乐于积极行动吗?如果你有抱怨的情绪,你能积极行动吗?在行动的过程中，你能了解自己拖延心理的变化吗？能找出哪些想法是对克服拖延有利的吗？哪些想法本身显示了你的弱点呢？

第五，在行动的过程中，你产生过抱怨吗？你能立刻停止抱怨，转而"立即行动"吗？如果你的抱怨是"对我来说太难了"，改成"第一步是我可以做到的"，你就找到了克服拖延的一个突破口。

第六，在行动过程中，推翻"拖延一下会更好"的谬论。如果人们说"压力之下会做得更好"，那么人们为什么又一再说"再也不想承受那么大的压力了"？这两种说法是一致的吗？也许这并不是因为压力下会表现更好，而是重压之下，更容易开始行动。

在克服拖延的开始，无论你的脑子里有多少克服拖延的系统方法，没有行动来检验，你也很难说自己真的克服了。行动和调节能在自我学习和矫正的过程中，让你对自己加深了解，你会知道自己的问题出在什么地方，也能逐渐掌握对自己来说最有效的方法。

在行动和调节的过程中，最重要的是"立即行动"和"拖延更好"之间的斗争过程。你要如何说服自己，让"立即行动"成为现实，而让"拖延更好"自动退出呢？如果你听从了"拖延更好"，那么又是什么想法让它占了上风的呢？克服拖延就要从这些地方入手，逐渐击碎"拖延更好"的想法，实现"立即行动"。

主动发出积极行动的信号

主动发出积极行动的信号,可以增强行动的欲望。针对一般的任务,我们可以用承诺性语言来鞭策自己;针对压力较大的任务,可以用挑战性的语言激励自己;面对压力更大的任务,可以用积极的心态指导行动。

承诺是一个保证。无论这个保证是说给别人听的,还是说给自己听的,它会在一定的时间内让我们承担一个责任,督促我们完成一件事情。

富兰克林曾说:"只有在你愿意做这件事情的时候,你才会去承诺,跟着开始行动。"

做承诺其实就是加强信念。

很多情况下,我们做的各个承诺之间会有些冲突,比如买房买车、花钱享受、投资,这三个目标总有先后顺序,就是说有些目标会被推迟。

为了让各个目标不冲突,这就需要一个清楚的计划,若是计划不清楚,承诺没有时间限制,那么所有的承诺都是无效的,你会在拖延的斜坡上一路滑到底。

要想摆脱这个拖延的斜坡，必须按照先后顺序问自己几个问题：第一，对我来说，目前最重要的目标是什么？我要做到什么程度？第二，哪些事情是必须做的？第三，我需要哪些条件？第四，我需要多少时间？当这些问题都有了答案之后，你就可以行动了。

在你开始行动之前，始终停留在拖延的斜坡上。这时候你要一次次地对自己说："我立刻就开始行动。"你的语气越是坚决，你的内心就会变得越坚决，你就越有可能实现自己的承诺。

我们看过很多商家用承诺督促自己，他们承诺保证质量，或者提供优质服务。这种承诺其实无形之中是让消费者来监督自己。为了生存，他们不得不提高质量，或是服务水平。正是有了这种监督，他们在同行业中的竞争力也会越变越强。你把自己视为客户，想想作为客户的自己应该得到什么，就把它作为承诺说给自己听，这样你会对自己的承诺更负责任。

一些任务的压力较大，仅仅用承诺的方式还不够，还要用主动迎接挑战的言辞鼓舞自己。面对压力，杜绝消极心理，用积极的话激励自己是个很好的方法。

詹姆斯·布拉斯科维奇是一名心理学家，他发现当一个人感受到某种挑战的激励时，会随之产生一种克服障碍的兴奋感，这会让人心跳加速、思维敏捷。

当然，面对挑战还有一种完全相反的可能，那就是对自己产生怀疑，担心自己无法胜任。当你认为自己不具备面对挑战的素质时，会感受到威胁的存在。在这种情况下，人的办事效率和思维敏捷度都会下降，很有可能变得拖拖拉拉。若一个人满脑子都是这样的念头："这太困难了""我可没那么能干，我的能力还不够""我真是太傻了",那就证明他正处于受到威胁的心理状态。在这种心理作用下,怎么可能积极行动?

为了避免掉进这种糟糕的心理怪圈,在接到任务之后,第一项工作应该是对任务做甄别。

人们在衡量某件事情是否值得做的阶段,最容易产生受到威胁的心理。它是由心理感知带来的,而一个人的感知,都是信息自行筛选的一个集合。换句话说,是你从主观上选了所有消极的、不利的信息,所以才觉得受到了威胁。思维若是被非理性的担忧、怨恨和消极情绪主导了,就会产生受威胁感。

我们要把受威胁的心理转变成挑战性的语言,在自己还没有拖延的情况下,先把拖延心理扼杀在摇篮里。要在心理上把行动当成是战斗,对自己说:"我能成功""我完全可以做到""我可以克服困难",等等,这些语言也能鼓舞你的士气。

在行动的最初阶段,将受威胁的拖延心理转变为积极迎接挑战的心理,之后继续行动。迎接挑战的方式会让你变得积极主动,这种心理会让你为达成目标制订策略和行动步骤,它能指导你自觉遵守时间安排。我们要做的是,在这个转变过程中认清自己的目标和机遇,知道自己现在该做什么,计划好时间和认清自己的利益。

当压力再升级,让人感到恐惧的时候,挑战的言辞也成了空话。这就需要积极的态度指导行动,才能战胜因压力引发的拖延。

面对挑战的时候,要做好准备工作。如果能找到一种低压力下的高效模式,就可以免除最后一刻的手忙脚乱。能做到这一点,就能在任何时候都游刃有余,而不会在最后期限来临时,还在鼓吹"我在临近期限的最后一刻会表现更出色"。

我们从企业管理中的目标管理借鉴来一个方法，它是用积极的步骤进行正面努力。如果你的态度是积极的，就会用有利的信息来对任务做评估，并且针对空缺做填补，针对关键点进行研究。这样就能对自己能做到的事情了如指掌。在压力较大的情况下，这种积极应对的自律模式非常合适。

公司的一个高层领导要召开一个解决问题的会议，开会时他需要总结绩效考核的准确性和价值。他并不想仓促完成一个发言稿，而且手里的资料并不完整，他也害怕受到下属们的质疑，因此，一拖再拖，连发言稿的大纲都因为纠结一直不能完成。可是，他知道自己必须主持召开这次会议，于是他决定换一种心态，不再恐惧担心，而是积极应对。他稍稍考虑了一下，先确定了自己在这次会议中的角色，因为他发现一开始并不确定自己在这个会议中的角色。他是会议的主持者，而这个会议是为了解决问题才召开的，所以他要引领大家朝解决问题的方向上展开讨论。会议的目标就是讨论具体的问题和提出解决方案。他不再害怕了，而是把会议当成了一个挑战，被下属质疑也不再是一种压力。

积极的心态能促进行动的有效性。这位领导在压力下迅速调整了自己的心态，很快就积极行动起来。

我们执行任务时，出现的障碍具有不确定性。无论它们如何出现，如何转变成压力，我们都不必气馁，用积极的态度去应对，把任务当成挑战，步步深入地看清事情的本质，将行动步骤具体化，就可以从容面对压力。

第二编 拖延分为哪些类型

第五章

决策型拖延

拿不定主意也是拖延

犹豫不决引起的拖延被专家们称为决策型拖延。人类是高级生物，很多事情都需要自己拿主意，比如穿什么衣服，选择什么工作，何时结婚，等等。当面对一些问题拿不出自己的主意时，决策型拖延者就会把事情搁置一旁。

王勇是一个高三学生，正值填写报考志愿之际，他面临着三种选择：第一个是跟好友报同一所学校，因为他想跟朋友在一起；第二个是父母建议他报考的学校；第三个是他自己喜欢的一所学校，他一直梦想能到那个城市生活。他的问题来了，这三个志愿到底该以怎样的顺序出现在报考志愿上呢？他认为做出这样的决定是困难的，一方面怕选择错误，造成的后果难以承受；另一方面不知道如何做出正确的选择。他真希望报考志愿能三个并列填写，可是他必须按照顺序填写。他非常苦恼，迟迟拿不定主意，希望有人能替他决定。

王勇的这种拖延就是决策型拖延。当我们有能力做出选择，而下不了决心时，就是决策型拖延。这是一种很常见的拖延。这个学生完全有能力做出决定，而他却认为自己无法做出决定。有这种拖延行为的人期待不用自己拿主意，而是有人替他们决定。简而言之，决策型拖延就是推迟决定。

　　对于决策型拖延，有人说是因为他们缺乏个人竞争力，或者是时间造成的紧迫感。这种说法并不正确。有一个实验可以证明这一点。针对决策型拖延与时间造成的紧迫感以及竞争力之间的关系，美国的研究人员进行了观察实验。

　　这个实验集合了一百个被研究对象。他们被分成两组，果断的人和犹豫不决的人。接着，研究人员给这些人安排了分发纸牌的任务，在发纸牌的过程中，他们还要做一件事，就是按灯——当灯亮了的时候，需要他们按下按钮。也就是说，当灯亮了的时候，他们需要做出选择，是按按钮还是继续发纸牌。该实验表明，这两组人完成任务的时间十分接近，并且分发的准确度也十分相似。

　　这样看来，犹豫不决的人在工作效率或竞争力方面并没有问题，他们也不会为了提高准确度而牺牲效率。也就是说，犹豫不决的人并非没有能力迅速地做出决定，而是他们选择了拖延。

　　犹豫不决的人是故意放慢做出决定的速度。他们为什么会这样呢？研究人员经过调查发现，犹豫不决的人有一些共同的特质：他们精神涣散，很难集中全部精力去做一件事情，且喜欢沉浸于幻想，而非关心实际情况和做出有效的决定。在心理学家的另一个实验中，人们看到了这样的现象。

　　研究者让一个果断的人和一个犹豫不决的人各自去选购一辆

汽车。开始时，每个人只有两辆车可供选择，也就是说二选一，他们只要了解这两辆车的信息然后比较一下，很快就能做出选择。之后，可供选择的车越来越多，逐渐增加到六辆。此时，犹豫不决的人越来越体现出决策困难。有这么多的信息要去对比，可是他没有耐心去了解那么多信息。而果断的人不同，他能说服自己去掌握更全面的信息，从其中选出最适合自己的。虽然犹豫不决的人能够得到那些信息，可他们却不愿意继续了解。他们的注意力容易分散，需要做决定时，他们不会尽可能多地获取信息，甚至会逃避信息。

要做出恰如其分的选择必须掌握足够的信息，信息量越大，考虑就会越周全，而决策型拖延的原因是精神散漫，不能集中精力获得足够支持决定的信息。

决策型拖延不是一天两天养成的，往往是日积月累而成。要克服它，办法很简单，只要拿出承担后果的勇气，就能果断做出决定。

如果你去买一个台灯，可到了商店你却发现自己没法选择，因为你不知道哪个更合适。售货员已经将台灯的信息向您介绍得很清楚了，你拿不定主意也许是因为你不了解自己家的情况，比如自己家的插座是不是跟台灯匹配。如果此时你必须要买一个，就拿出一点勇气，先挑一个带回家。如果台灯不合适，也可再拿去换。

逃避不是办法。生活中和工作中都免不了要做选择，要是什么事情都不能做决定，那可真是一个不小的烦恼和痛苦。虽然面对生命中的重大事件，就算是再果断的人，也是需要经历一个仔细权衡的痛苦过程，但是我们依然要做决定，因为逃避只是掩耳盗铃，问题不会消失。这就像毛驴和干草的故事。一头毛驴，找到了两堆干草，而它拿不定主意先吃哪堆更好，于是在两堆草之间徘徊，最后竟然饿死了。

看来，犹豫不决会引发严重的后果，必须克服它。虽然，我们不知道选择哪个才是最好的，但只要选了，就胜过什么都不选。如果故事中的毛驴能知道这一点，即使自己选的那堆草不是最好的，也不至于饿死。我们只有拿出承担后果的勇气，就不会空手而归。若是你拿不出勇气，没法做出选择，那么就意味着你什么也得不到。

你根本不必害怕做出错误的选择，只要你拿出勇气选了，这就是一种成功。美国第32任总统罗斯福说："就算是选择错了，也比不做决定更好。"把做决定的权利交给别人，就是将自己的命运交给了别人。实际上，别人选择的结果，总的来说也无外乎正确和错误两种，如果选择错了，你是否真的愿意承受？最后很可能还是埋怨别人，埋怨自己。而自己做决定，不也是这两种结果吗？且是自己掌握自己的命运，与他人无关，所以干吗不自己做选择呢？

没有哪个人的选择总是正确的。人人都喜欢正确和成功，每个人都怕错误和失败。要是有人对你说"选择错误就是死路一条"，或者在你选择错误的时候来攻击你，那么就用罗斯福的话回敬他吧！告诉他生命之中冒险和博弈是个永恒的主题。

犹豫不决的性格是怎样形成的

究竟是先天的原因还是后天的因素，造就了这种犹豫不决的性格呢？目前，我们还没发现能够影响一个人是果断还是犹豫的基因。但有研究证明，犹豫不决的人都有一些相似的成长环境，他们的家里要么有个决策型拖延的母亲，要么有个刻板严肃、说一不二的父亲。

纽约雪城大学的研究者针对果断的人和犹豫不决的人进行了研究，发现在他们的成长过程中父母起了非常重要的作用。如果有一个冷峻而专断的父亲，往往就会对应没有主见、决策困难的孩子。因为父亲太过强势，孩子们只能遵照父亲的决定去做，即便提出不同意见，也会被冰冷地否决。在强势父亲的威压下，母亲也总是无能为力，所以孩子也无法从母亲那里得到帮助。久而久之，孩子就会养成对任何事都不发表意见，也不做决定的习惯。等到他独立时，逃避做决定的习惯已经根深蒂固，但是他必须得做决定，于是便一再推迟。

不过，庆幸的是，拖延并非由基因决定。在同一个家庭中，亲兄弟也可以截然不同，可能有一个孩子是犹豫不决的，而另一个孩子则不是。如果其中一个孩子发现推迟决定或者干脆不做决定并不会带来坏处，就会逐渐把延迟决定当成自己的一种生活方式固定下来。而另一个孩子可能在生活中发现了直面挑战的意义，他就会不断前进，遇到任何需要决定的事情都不退缩。

研究者也说："犹豫不决是后天形成的，是可以克服的。"正如上面例子，犹犹豫豫的孩子完全可以在后天努力克服自己的决策型拖延症，而那个果断的孩子就是一个很好的榜样。

犹豫不决的性格养成之后，即使离开原有的家庭环境，也不会主动做决定。想要摆脱这种性格，就要纠正以下这些错误的认识。

首先，他们不拿主意，可能是为了逃避责任。他们在生活中，将不做决定就不必担责当成了一条经验，并反复使用。

这样的想法，在成年人中非常常见。

萨莉是个犹豫不决的人。她从不愿意自己拿主意，因为她不想承担责任。她跟朋友一起去电影院看电影，这时候同时上映的电影大约有八部。她的朋友问她想看哪部，她毫不犹豫地说："你说了算吧！我无所谓。"她的朋友选定了一部电影，并问她想法的时候，她依然没有表态，而是说："听你的好了。"

在这个短小的事例中，萨莉必然经历了复杂的心理活动。她不做选择就是为了逃避责任。如果两人对所选的电影都满意，那么就不存在问题，是谁选的都没有关系。但如果是萨莉选的电影，而朋友认为不好看，那当朋友埋怨她的时候，她会感到很自责，并且也很委屈。而如果朋友选的电影不好，她可以什么也不说，或者埋怨一通，反正电影不是她选的。

简单点儿说，"不决定"成了决策型拖延者的保护伞。萨莉在整个过程中，不但没有做选择，而且没有说一句明确的意见。她彻底放弃了自己的权利。可是，她没有注意到，如果朋友选择的电影不好看，实际上她是不能抱怨的，因为是她让朋友做决定的。

犹豫不决的人一直在不用承担责任的保护伞下生活，他们反复地利用这把伞，已经成了习惯。这是他们用来逃避周围人埋怨的手段。

可是不做决定并不等于不需要承担后果。如果你自己不决定读什么专业，而由父母来决定，那么即使选出的专业你不喜欢，后果也还是你自己承担。因此，不如让自己成为拿主意的人，自己为自己拿主意，才是对自己负责的态度。

其次，研究决策能力的学者发现决策型拖延者不愿意了解自身。他们对自己的优点和缺点并不了解，对于他们生活的意义和价值就更不愿意多做思考。一个不了解自己的人，又怎么能缕顺自己和周围的一切事物的关系呢？怎么能够做出明确的选择呢？就像上例中的萨莉一样，她很可能连自己喜欢看什么电影也说不清，又怎么能决定看哪部电影呢？

研究者发现那些做事果断的人，对自己非常了解，他们对自身有着浓厚的兴趣，他们知道自己擅长什么，有什么缺点，喜欢什么，等等。因此让他们做决定的时候，这些已经在脑子里的信息会迅速整合，并得出结论。而犹豫不决的人对自身的某些方面始终回避。他们对自己的事情，往往有一种听之任之的感觉，仿佛连生命都不是自己的。

了解自己非常重要，如果你不知道自己的兴趣是什么，你怎么能享受到兴趣带来的欢乐呢？找出你认为拖延了的决定，即使那不是多么要紧的事情也没关系，重要的是你要了解拖延时你是怎么想的。把这些心理过程详细地记录下来，你就能更了解自己，并找到和这些心理因素斗争的方法。

　　如果你也是犹豫不决的性格，不必过于迁怒于你的家庭环境。抱怨过去是没有意义的，你还有机会改变，你该做的是抛弃那些不做决定的借口，并将分散的精力集中起来，多了解了解自己，这样面临选择的时候，你就不用那么慌乱和犹豫了。

不要老在潜意识里想着失败

　　决策型拖延者（或者说犹豫不决的人）内心更关注的不是成功，而是失败。他们会在结果未出现时，就假设事情失败了。这种假定的失败，支配了他们的行动，他们只会为了不失败而迟迟不做决定，而不是为了做出成功的选择而费心思。

　　一个犹豫不决的人不能做决定的时候，多半是因为他们需要一种保护。他们先是不选，把选择权交给其他人，这样他们就逃避了为糟糕的后果承担责任。如果非选不可，那么他们也不愿意多搜集信息，因为如果决定并不明智的话，他可以说："是我不了解情况造成的。"我们在这两种情况中，都能看出他们的内心存在一种假设——假设选择错误。

　　在这样的假设下，做出明智选择的概率会大大降低。对成功不抱希望，这种心态下的行为很少能走向成功。选择让他人做决定的，能否成功完全靠运气，别人不能代替你，并不知道你的需求是什么。被迫做选择的，却将有帮助的信息阻隔在外，完全隔绝了事实，又怎么能找出关键问题呢？就算是偶尔成功一次，基本靠的也是运气，而非实力。决定不但要自己做，还要积极获取有价值的信息，并分析它们，以便做出理性的决定。

决策型拖延者只要改变关注的焦点，把注意力从失败转向成功，就能逐渐克服优柔寡断的习惯。

事实上，决策型拖延者并不缺乏做出决定的能力，根本用不着依靠他人做出选择；他们并非不能获取那些有价值的信息，只要逐个了解每个信息就可以了。不是每个决定都会成功，但是你用心做出的决定很有可能为你带来成功。如果你是决策型拖延者，现在就该下定决心改变自己，每次做决定前，都把目光集中在成功上。

在以往的生活中，你一定不经常做决定，现在突然要改变一定十分困难。做决定也是一种能力，它就像我们自身的一个生理功能，不经常使用就会退化。如果我们把决策能力当成一块肌肉的话，那么它需要锻炼。在生活中，带着关注成功的心态，从小事开始锻炼决策力十分必要。

生活中有太多的事情需要我们做决定，大到人生大事，小到衣食住行，样样都需要选择。比如，吃饭时你可以决定到哪里去吃，吃什么。假如你跟同事共进午餐，不如由你来拿主意，选择吃什么。你要相信自己必然能做出大家都满意的选择，带着这种心态，综合考虑每个人在口味上的喜好，附近餐厅的情况，等等。只要你把方方面面都考虑到了，就算同事们没有称赞你，至少也不会埋怨或者嘲笑你。

锻炼决策力不能盲目进行，也是有方法的。以下几条决策方式，可以帮助你克服潜在的对失败的恐惧心理。

1. 如果备选项过多的话，为了利于做出选择，可以将不同的选项进行分类和再分类。我们之所以要做选择，是因为面前有很多选项。有决断力的人则会对备选项做综合分析分类，确定最合适的一个。而犹豫不决的人，看到有这么多选项就茫然了，还生怕自己选错了，于是迟迟不肯做决定。比如，一个人打算找工作，他可以将工作分为全职和兼职两种，之后他可以问问自己是喜欢每天都按部就班地去工作呢，还是喜欢自由支配自己的时间呢？如果他选择了全职，那么还可以再分类，将全职工作分为外向业务型和内向劳动型，接着问自己更喜欢哪个。依此类推，直到完全分析出自己的喜好为止。

2. 当你犹豫，不能下定决心时，把你的想法记录下来。了解阻碍你的那些念头后，告诉自己，你的选择未必会以失败告终。只要你每个步骤都能认真对待，你完全有可能成功。同时不妨憧憬一下成功后的情景，增强成功的欲望。

3. 列出各个选项的利弊清单。假设你为选择居住地的问题而犹豫不决。现在，你有两个选择，一个是住在自己工作的市区，另一个是住在郊外和父母在一起。那么就画个表格把它们的利弊都写下来，进行比较。清单要全面，而比较的过程也要审慎，不能漏掉关键的项。当你的对比完成了，你就该知道住在哪里好处更多了。

4. 对已经决定的事情，要坚持。做出了决定，如果不坚持，一样也是拖延，而且不坚持到最后，永远不会成功。既然做出了决定，就要向前看，而不是瞻前顾后。遇到挫折的时候，我们往往会对自己的决定产生怀疑，那些反对意见也会接二连三地冒出来，让人感觉真的要失败了，因此在行动的过程中要坚持和相信成功。

5. 不要急于决定。一个决定并不是做出得越快越好，而是越稳越好，必须要在收集和分析了足够的有效信息之后再做决定。

你也不用担心收集的信息不够全面,因为信息也处于不断变化中,今天和明天情况可能会完全不同。

关注成功需要反复练习,频繁地做决定会让之前很少做决定的人非常疲劳,但也会使人的决策力渐渐变强,信心也会越来越足。这就像是一个技术活,熟能生巧,总有一天你会驾轻就熟,不畏惧任何需要决定的事情。

怎样加强决断力

一个犹豫不决的人,总是迟迟不肯果断地做出决定,仿佛那些需要决定的事情充满危险。在他的头脑里,不是夸大了事情的不确定性,给自己编织了一个恐怖的故事,让自己不知所措,就是想到选择失败的严重性,想等到能避开风险的时候,再做决策。

他们在经受折磨,忍受着犹豫不决所带来的烦恼,到底该怎样才能解决这些心理问题,让自己果断地做出理性决策呢?我们可以通过对比,找出决策型拖延和理性做出决策的差异,了解果断的人是如何成功决策的,进一步得出决策拖延者该怎么做。

一个决策拖延者,面对需要做决定的事情时,对问题的描述是模糊的,无法明确完整地描述出问题。他们依赖情绪做判断,并且想要逃避决策,拖延的时间越长越是犹豫,最后把问题推给别人。

一个理性而果断的人,面对问题时,能够清晰具体地描述出问题,目标具有可行性和可知性。他们考虑价值并懂得做理性分析,理性地判断,他们关注的是如何解决问题,随着时间的推移,他们会推进解决问题的进度,顺其自然地做出理性的决定。

看来，果断的人在决策时，最开始就对问题掌握得清楚明白，而且不依赖情绪，而是依靠分析，最后得出理性的决策也就没有什么难度了。因此，我们可以帮助犹豫不决的人做个理性决策的流程，用来帮助他们克服决策拖延。

第一步，清楚准确地描述出需要决策的问题。一个清楚的问题，往往就能得到一个明确的答案。只有问题清楚，才有解决问题的方法。正确的决策隐藏在明确的问题中。

第二步，在第一个问题的引导之下，继续朝着解决问题的方向发问和回答。问题越多，你的决策就越不容易出错。你可以问自己，问题是什么，地点是哪儿，什么时间，什么方式和为什么，等等。当你的问题都有准确的答案时，你的决策就会更加有把握。对这些问题进行反复推导，可以使你越来越明确，从而走上做出理性决策的正轨，而不至于受情绪的影响，感情用事。

第三步，在决策的过程中，如果你产生了拖延心理，就要尽力遏止它们。每个拖延者刚开始跟犹豫不决做斗争的时候，都免不了想要回到拖延决策的老路上去，你只有先遏止这种心理，才能战胜它们。

第四步，大胆假设。任何问题都不止一个解决方案，你的选择具有多样性，可以根据假设进行推理，问问自己，如果这样选择会怎样？换一种选择呢？如果你不善于做出假设的推论，你也可以找到跟你有不同选择的人，问问他们的看法。这样你就可以综合考虑，进行对比。最终会使你做出理性的决定。

刚开始使用这个流程的决策拖延者，不免会做出几次失败的决定，或者做出的决定不够完美，这也是正常的。只要沿着这个决策过程继续下去，就能提高自己的决策能力，通过锻炼，你会渐渐掌握做出理性决策的方法，再也不用为决策而进行思想斗争了。

第六章

不良情绪引发的拖延

焦虑与拖延互为因果

　　焦虑跟拖延互为因果，二者如影随形。焦虑带来拖延，拖延也会引发焦虑。你越是焦虑，就越什么也做不下去，越是没有做事，就越感到焦虑。无论哪种拖延，都夹杂着焦虑的情绪。要是对这些情绪和表现毫不在意，任其发展，总有一天会带来慢性拖延症。

　　不是人人都有拖延症，可是每个人都会有拖延的行为。当不良情绪影响我们的时候，非常容易发生拖延——我们就是不想动，或者说是动不起来。总有那么一些时候，情绪特别差，什么任务都拖着，时间就那么荒废了，事情却毫无进展。

　　焦虑的时候最容易发生拖延，而拖延又是个陷阱，一不小心就让人陷下去，使人的精神越来越差。很多人对这种焦虑并没有明显的感觉，那并不是因为它不存在，而是你没有注意到它，每个人在拖延的前后都会有不同程度的焦虑感。

　　你可能偶尔会有放松一下的想法，可伴随着这样的想法，还会有一丝丝的担忧和疑虑，只有正视自己的内心时，才会发现那就是焦虑的情绪。在这种情绪下，人会变得不能坚持自己的想法，做决定时也犹犹豫豫，因为焦虑正将他带入拖延的深渊。

你有过这种情况吗？当一个新任务摆在你的面前，需要你做出决定或付出行动，这时焦虑情绪在你的内心开始滋长，之后拖延发生了。在你开始拖延之后，你又会因为拖延而产生焦虑。这就是焦虑引发拖延、拖延又带来焦虑的过程。

在行动或者决策方面拖延，会给人带来暂时的轻松，或者说是在一定程度上摆脱了焦虑，因此人们可能会告诉自己说："先拖着吧，这件事情不那么重要，我还是先做手头的事情好了。"

可焦虑并没有彻底离开，因为你对拖延下去的害处和事情的重要性非常清楚，你不可能彻底忘了它。更可怕的是，当最后期限临近的时候，焦虑感再次袭来，而且更加凶猛。种种担忧和疑虑开始翻腾："同事会因此嘲笑我吧？""领导会不会对我的能力表示质疑？""时间不多了，我还能做完吗？""凑合着做完吧！"

刘阳正在攻读生物学硕士学位，还有一年的时间就可以拿到学位毕业了，就在前途一片光明的时候，问题来了，他的毕业论文一拖再拖，还有很大一部分没有完成，他的情绪也变得很焦躁。

开始他觉得对不起自己的导师，后来他开始觉得对不起家人和自己。他想改变这种情况，却不知道问题出在哪里，他所修科目的成绩都非常出色，怎么现在就没有那种良好的状态了呢？

刘阳找到心理咨询师，希望能找到原因并改变现状。原来他对写毕业论文太过忧虑，因此从写论文开始，他的情绪就变得低迷，总是用学习其他课程为由说服自己论文可以放一放。写论文的事情不知不觉被排在了所有课程之后。不过好在他发现问题及时，经过调整，他顺利完成论文并毕业了。

  在刘阳的身上就体现了焦虑和拖延因果循环的过程，幸运的是，因为发现、调整得及时，并没有对他造成不可挽回的损失。如果一个任务摆在面前，让人觉得不那么愉快的时候，拖延就非常容易发生。可一般人并不会太在意，而等到问题严重到影响学业或者事业的时候，才会引起注意。若是不能及时发现并做出改变，就会造成严重影响。

  焦虑和拖延并行发生后，还会带来更为严重的后果。因为这种情况下极易引起负罪感和恐惧感，削弱一个人的能力和信心，工作效率和学习能力都会下降。即使勉强完成任务，也会累得筋疲力尽。正常情况下，完成这些任务，可能只需要花八分的力气就能完成，而你却花了十二分。

懊悔和拖延有相关性

有些人在回忆过去的过程中,更多的是回想那些后悔的事情,而有些人则更多地回想那些美好时光。经过调查,在拖延者中,沉浸在懊悔情绪中的人占了大多数,而那些非拖延者则更倾向于回忆美好时光。

人们或多或少都会有些后悔的事情,可如果在这种后悔中无法自拔,就会让人对明天失去信心。懊悔情绪会让人停住前进的脚步,降低行动的动力。

德拉在足球方面表现很出色,他本可以在高中毕业时凭借他的足球奖学金上大学,可那时候的他却没有选择读大学,而是加入了一个摇滚乐队。可他在音乐道路上发展得很不顺利,现在不得不在一家汽车修理厂做修理工。每次想到前途,他就灰心丧气地说:"我完了,我错过了好机会!要是我当初没有选错,我就不会是今天这个样子。"他没有为改变自己的境遇做任何事情,只是一味地感到后悔。

一个错误的选择，让德拉后悔不已，他沉浸在懊悔之中，再也没有为突破目前的窘境而行动起来，而是默默地做着一个修理工，拖延了梦想和追求。

那些后悔没有把握好受教育机会的人很多都是拖延者。他们后悔自己没能接受更好的教育，导致自己目前的生活一直很艰辛。

在针对拖延症和遗憾的调查中，研究人员发现引发拖延的后悔的事情种类繁多，包括：错失职业机会，没有好好读书，没有好好照顾父母，没有跟朋友常联系，忽略了健康问题，没有重视自身的成长，错失了恋爱机会等。这些问题，都有可能使一个人成为拖延者。

沉浸在后悔之中，不会给生命带来任何转机，而那些倾向于美好回忆的人，才会对明天充满激情，更有冲劲和追求，他们的行动力更强。

法兰克·辛纳屈是一名出色的歌手。他的一生都是圆满而充实的。即使有些挫折，他也从不停止追求和行动。如果问他有什么事情是遗憾的，他会说那些都是"不值一提的小事"。在他接受访问时，他说自己回忆从前时，想起来的都是美好的时光，而不是让他感到遗憾的事情。

这个一生辉煌的明星更关注的是自己的快乐，而不是让他感到后悔的事情。看来，他的这种乐观情绪也是他充满干劲的秘诀之一。

总有一些梦想会破灭，如果把高中时代的梦想和现在的职业相比较，会发现很多人都没有实现理想。可并非所有未能如愿的人都没有作为，他们也可能在其他领域成为佼佼者。

　　沉浸在对过去的悔恨之中，对今天毫无帮助。我们为什么要在悔恨中度日，而不是为今天的目标而奋斗呢？为那些付诸东流的机会而懊悔，怎么打起精神为明天奋斗呢？我们应该关注的是生活中的美好和快乐，而不是一味地沉浸在悔恨之中。

　　每个拖延者都该引起注意，想想最让你感到遗憾的事情是什么，你会不会也经常把那些事情挂在嘴边，让懊悔绊住了你前进的双腿？

　　只有抛开懊悔的情绪，你才会发现自己的能力非常强大，你还能做很多事情，还有非常美好的未来。如果你是一个懊悔着的拖延者，请尽力转移注意力，把关注的焦点转移到美好和愉快的事情上来吧！

关注事情而非情绪

很多人花了太多的时间，纠结于自己的小情绪，平复心中的怒火，为过去感到遗憾。他们总是陷于情绪困扰中不可自拔，而将正事抛掷一旁。我们或许经常可以看到，有人因为生气、厌烦或者悲伤，而把工作一拖再拖，总想等心情好了再做，却不知道什么时候心情才能变好。

因情绪问题而拖延的人，过于在意自己的感受，一旦某种不良情绪爆发了，就会弄得自己非常纠结。他们过于在意自己的情绪，无法自拔，眼睁睁地看着自己在拖延却无动于衷。他们不能调节自己的情绪，对外界的变化也不够敏感，而任由拖延发展下去。

这种人往往比较固执，不能通过自我反省来调整自己的情绪。他们真该放弃那些没用的小情绪，关注当前必须完成的任务，然后尽力完成它。只有完成眼前的事情才对明天有意义，任何美好的未来，都是现在的行动积累起来的结果。

对拖延者来说，种种不良情绪，都像是选择题中的干扰项。

他们并非不懂得行动的重要性，而是被情绪干扰了。比如人在生气的时候，根本没法专心做事。因此在你生气的时候，必须转移注意力，抛开气愤。对拖延者来说，最好的转换情绪的方式就是把注意力转移到当下的事情上来，否则一味地堆积情绪只会让自己变得越来越拖延。

当你拖延的时候，如果已临近最后期限，就要问问自己：是不是在生气？是不是在为什么事情懊悔？那些不良情绪正在影响你的行动吗？如果是的，那么我告诉你一句外国谚语："只有怒气可以推迟到明天。"用这句话告诫自己，忘记愤怒，开始干活吧！等到第二天，你可能连自己为什么生气都想不起来了。我们常常说"黎明前的黑暗"，在截止日期前赶工，让人仿佛坠入了黑暗，可一旦完成任务，就等于迎来了黎明。做完事情的成就感，可以驱除不良情绪。

当你用拖延的方式宣泄自己的情绪的时候，除了能获得一点自我安慰之外，并不会有更多的好处。相反，拖延的所有弊端都会降临，总有一天让你感到难受。如果因为跟家人闹了一些小小的不愉快，就迟迟不肯下班回家，可能要不了几天就会为自己幼稚的行为感到后悔。

因为情绪不好而拖延的时候，可以试一试下面的几种方法，将自己从不良情绪中拯救出来。

第一步，躲开刚才发生不良情绪的环境几分钟。如果你是在办公室发生了不良情绪，那么现在走出去，到茶水间喝口水。

第二步，深呼吸，问问自己现在该做的事情是什么。在另一个环境里，问问自己现在该做什么，顺着这个任务想下去，先做什么，后做什么。

第三步，把任务摆在眼前，动手开始做。一旦动起来，情绪就能得到缓解，因此，不要停下来，集中精力做下去，直到你忘了刚才那种糟糕的情绪为止。

　　人都有情绪，可我们不能让那些情绪主宰我们的生活。我们需要掌控自己，不再受情绪摆弄，不再拖延。

什么是"正念修行"

拖延者往往生活在各种不良情绪之中,那些被拖延的事情和让他们感到担忧的事情也在摧残着他们的心灵,因此他们非常需要心理调节。

已经有2500年历史的正念修行方式对调整拖延者的心态非常有好处。正念是一种不带评价的自我观察的修行方法。它能让一个人用慈悲的心态观察自己,不带任何判断地接受自己,给自己轻柔的抚慰,而非严苛的自责。在正念修行的时候,我们可以感到自己是平和而稳定的,是能够被接受的。它可以赶走焦虑和自责。当一个人心态平和的时候,对待那些被我们拖延的和感到畏惧的事情,就会换一种态度,我们就会比较容易行动起来,去积极解决它们。

下面我们就正念的一些方法和它们在战胜拖延中所能起到的作用做一些介绍。

1. 正念减压呼吸法

这个方法的要领是:抽出一点时间舒服地坐下来,把注意力都集中在呼吸上。之后,你的脑子里会想到一些事情,无论它们是什么，都不要加以判断，只要感觉它们就可以了，即使你所想的事情变来变去或者一件接着一件令你处理不过来，都没有关系，你只要感觉自己的想法就可以了。

对拖延者的益处：注意力集中在呼吸上以后，我们发现自己喘气的节奏会变慢，这样的呼吸更为充分，能帮助减轻我们的心理压力。当你不做评判地觉察和感受自己的时候，心情也会变得愉悦起来。

2. 正念停顿法

这个方法的要领在于：当我们结束一件事情或者完成了某个阶段，马上要开始新的内容时，抽出几秒钟，什么都不要做，只注意自己的呼吸和身体感觉。在这几秒钟的时间里，你的思绪要尽量保持在当下和身体上，不要想过去、未来和其他事情。

对拖延者的益处：当拖延者感到诸如焦虑、害怕、自责等不良情绪时，就可以用这个方法来调节，它的好处是能让你的思绪回到现在，并注意自己的身体。

3. 感受心跳法

这个方法的要领是：抽出一两分钟的时间，感受自己的心跳。我们需要将注意力集中在心跳上，也可以用手轻轻放在胸口，感受心跳的频率，当呼吸变得非常平稳以后，回忆一下生活中美好的部分。

对拖延者的益处：有助于缓解拖延者紧张、害怕、焦急的情绪。当你在最后期限，感觉到焦头烂额的时候，可能处于一种紊乱的状态，这个方法可以给你带来和谐、轻松的积极情绪。

正念的修行方法能让人放松下来，对缓解拖延者糟糕的情绪刺激非常有效。很多西方研究者，研究出自己的正念修行方法，都能帮助人们调节情绪。除了以上介绍的三种方法，你也可以去找些更适合自己的方式，降低自己的紧张度，增加自己的正能量。

用假想来激发正能量

假想能让一件事情深刻地印入脑海。利用假想,也可以帮助我们克服拖延。自己想要什么就想什么,然后把想要的和现实进行对比。

纽约大学的加布里埃尔·奥丁根对这种将假想与现实对比的方法进行了研究。她将这个方法分为两步,而且这两个步骤缺一不可。

第一步,知道自己想要什么。如果你想在高尔夫球场表现出色,就可以以每天睡前想象自己能挥出完美的一杆,将球直接入洞。如果你想要的是一份喜欢的工作,那就想象自己真的得到那份工作的情景。如果你想要的是一栋房子,就想象自己会怎样布置那栋房子。第一步就完成了,很简单吧!

第二步,跟现实进行对比。也就是把上面的想象和现实进行对比。在高尔夫球场,想想自己是怎样表现的,是不是每次都输得很惨,因为没有按教练要求的进行练习。看看自己的现状,是不是每天上班出发前,心里都要斗争很久,因为你实在不喜欢这份工作，是不是自己的能力跟那份心仪的工作还有很大差距。如果你想要那栋房子，就看看现在的居住环境和自己的微薄收入吧。

在第二步中，现实中的问题会凸显出来。在你前进的道路上，它就是个拦路虎，需要你去打败它。

经过对比，人可能会变得更积极，用全部的力量去拼搏，让自己实现梦想，从而克制拖延心理。

需要指出的是，在使用这个方法的过程中，一不小心就会走向反面，变得消极。

如果只做第一步，而没有第二步，会让人沉溺于幻想，对克服拖延症可没什么好处。奥丁根教授说，单纯地用鲜明生动的想象来描画心中的梦想，会让人变得懒惰，而失去行动的动力。在她的调查中显示，在换工作、改善人际关系等实验中，表现最差的就是只做了第一步的人群。可见，没有第二步，是完全不行的。

做了第二步，就一定能成功吗？也不见得。因为对比的效果，是让人内心认识到差距，这可不会给人带来欢乐，往往让人感受到苦恼而非动力。因此做完第二步以后，要对自己的心态做一次分析：你消极了吗？只感到烦恼而没有动力吗？如果是，就需要调整了。想象出来的东西，并不等于真的拥有，你并没有失去什么，干吗要烦恼呢？相反，只要你努力行动，就会把不属于自己的东西变成自己的，干吗不尽力而为呢？

为了在使用这个方法的过程中不会走向反面，我们把这两步进行了细化。

步骤一，找个安静的环境，进行思考，弄清楚自己目前的生活、工作和学习状况等。

步骤二，想想自己的理想是什么，找到一个可实现的理想。比如，谈一次恋爱，换一个工作，建立家庭，学习一样技能等。

步骤三，针对上一步骤的理想，让自己心生向往。描绘梦想的方法很多，单纯地想象或者用绘画、写日记等方法都可以。

步骤四，将理想和现实进行对比，找到差距。这个差距也就是努力的方向，不能跳过。

步骤五，对比之后，要保持乐观的心态，找到缩小差距的方法。缩小差距的过程，就是克服拖延的过程，因此方法要切实可行，让自己有动力。

这个细化的步骤中，想象和行动是分不开的，想象不能脱离行动，想象只为找到动力，而只有行动才能带来结果。只有正确地运用这个方法，才能取得克服拖延的效果。

第七章

追求完美造成的拖延

有些拖延"看上去很美"

很多拖延是追求完美的心理在作怪。一个完美主义者有一套独特的价值理论体系,他们宁可拖延也不容许自己表现不好,因此,拖延常常发生在他们身上。

完美主义者最突出的特点就是追求完美。他们害怕表现不够完美,更害怕表现得没能力、没价值。因此当事情达不到自己要求的时候,他们宁愿把事情拖着不做。有时候他们也以此为借口:"因为我时间不够,否则我会做得更好。"

戴维就是一个完美主义者。他学的是法律,觉得要成为一名优秀的律师就得处处优秀,容不得一点瑕疵。在求学期间,他对自己的要求就非常严格,一定要门门功课都很出色。为了取得优异的成绩,他异常勤奋,常常熬夜,正如他期望的,他的成绩一直名列前茅。

可是,到了写毕业论文的时候,他却难以下笔,总觉得不管怎么写也达不到自己心里的那种完美要求。他想,或许掌握更多的资料就好了。于是，他花了很多时间去搜集资料，却一直没有真正动笔。就这样，眼看就要到交毕业论文的日子了，他还在构思。他越来越焦虑。最后，到了再不动笔就根本不能在最后期限交稿的程度，他只能硬着头皮开始写。幸好，他掌握了足够丰富的资料，有材料可用，最后总算把论文交上了。不过，他心里很不痛快，因为那篇论文跟自己心目中的完美论文差太多。他想，要是再多给我些时间，我肯定能做得很好。他觉得没能给自己的求学生涯画一个完美的句号，大学真是白上了，想到这几年的勤奋学习，更是令他十分懊恼、沮丧。

戴维要求自己有完美的表现，这本身是好事。然而，做任何事情都是这样，没有最好，只有更好，也就是说，完美是没有界限的。不管是谁，给再多的时间，也无法达到真正意义上的完美。要求自己做得更好一点反而更实际。如果只是单纯地以"完美"为目标，那追求完美就成了枷锁，让你变得束手束脚，这样的追求完美可就不值得提倡了。完美主义者可以分为两种：一种是单纯地追求更好，他们把做任何事情都当作一种艺术，稍有瑕疵便心生不满，然后尽力去改正所有的不合心意的地方；还有一种是价值观带来的完美主义，他们把自己每一个细微的表现都和自己的能力等同起来，只要表现得稍不如意，便会觉得自己能力很低，同时也影响了自己在别人心中的形象。

在生活中，我们见到更多的还是第二种完美主义者。

他们有一套自己的价值逻辑，认为表现等于能力，也等于个人价值。在他们看来，表现欠佳，就等于没有能力，也就是没有个人价值。他们的理论是这样的：我做的事情直接体现了我的能力，我的能力水平决定了我的价值水平；只有我的能力强，才能体现我的高价值。

这种逻辑可以简单归结为，一件事做得好不好，直接被看作自己是否有能力的标志。表现出色就说明这个人出色，表现一般就说明这个人平庸。

因此他们声称："如果我表现好，说明我有能力，我就喜欢自己；要是我表现差，说明我没有能力，我就讨厌自己。"

问题就出在这里，如果一个人的表现成了衡量能力的标准，那么其他方面就完全被忽略了。戴维把能写出完美的论文作为衡量自己是否出色的标准，也是衡量他个人价值的标准，所以才会如此执着于要写一篇完美的论文。他甚至因为自己没能写好论文，就否定了自己上学那几年勤奋学习的成果，认为那些都没有价值。正因为把自己所有的价值都凝结在最后的这篇论文上，才导致他迟迟没有下笔。他以为时间多一些，就能做到完美，可实际上真正的问题在于，某一次或某一件事的表现并不能代表一个人的全部价值。

拖延是完美主义者安慰自己的一剂良药。

没有全力以赴当然不会做好。可是完美主义的拖延者可不在乎这些。如果表现一般，他们会说："我表现不够好，是因为我开始得晚了，如果再给我一些时间，或者我早点开始，我就会表现得更好！"如果表现得还可以，他们会说："看我真是雷厉风行，要是我再多花些心思，我就会把事情做得更好！"

他们以此让自己相信，自己的能力大于表现，自己的潜力是不可估量的。这样的人宁愿在拖延之后承担后果，也不会接受全力以赴之后平庸的表现。在懒惰和没能力等评语之间，他们宁可被人说成是前者。拖延让他们的心里感觉更好些。

完美主义者的拖延心理是微妙的，他们害怕自己被看作是没有能力或没有价值的人，不敢正视自身的不足，不能用公正的眼光看待自己。

　　他们感到害怕，怕自己不受欢迎，不被接受。完美主义的拖延者心声是："要是我没有能力，谁还会喜欢我、爱我呢？"仿佛他的工作能力决定了他是否值得被爱。如果没有人爱他，就说明他很失败或者不受欢迎，这是他无论如何也不能接受的。如果是那样，还不如拖延一些，即使表现差一点也没关系。完美主义者就这样掉进了拖延的怪圈。

什么样的完美主义者会拖延

完美主义会导致拖延，但不是所有的完美主义者都会拖延。

心理学家对完美主义者进行了研究之后，认为可以把他们分成两类：一类是适应型的，一类是适应不良型的。

适应型完美主义者对自己要求非常高，他们很自信，认为自己能达到要求。他们一般能够实现自己的目标，仿佛优秀是天生的。适应不良型完美主义者对自己要求也非常高，可他们却不那么自信，他们的表现和对自身的要求之间有一定的差距，因此常常自责，更容易陷入消沉的情绪。

因此，拖延常常发生在适应不良型完美主义者身上。他们事事都想表现得很优秀，定下的目标又常常难以企及。一开始，他们认为自己能做到，当发现无法实现这个要求，就会变得手足无措，于是带着失望开始拖延，在现实中开始退缩。

盖瑞是个自由职业者，他替人管理和设计网站。他总是希望自己做事又快又好，可做着做着就觉得处处都达不到自己的要求,于是经常拖拖拉拉,总是在最后期限才完成工作。他的朋友劝他说,你不要太追求完美了,在能力范围内尽力而为就好。听到人家说他追求完美,他很意外,说:"我做事情,常常半途而废,要是不得不做完,我就在最后一刻应付了事,我怎么能是完美主义者呢?"

其实,以盖瑞的表现来看,他正是适应不良型完美主义者,不过这样的人大多毫不自知。他们只看到自己平时表现欠佳,而不知道自己的内心一直都有一个高标准,而且在高标准和差表现的差距中,变得开始拖延。

那些适应不良型的完美主义者给自己制订的目标太高,以至于超越了现实。比如,一个多年没有锻炼身体的人,想要花一个月的时间重塑自己的体形;一个从来没有接触过日语的人,想在一个月之内就学好日语;一个刚入职的销售员,想要每个电话都能促成一单生意;一个刚刚开始写作的人,希望第一部作品就能成为畅销书……这些不切实际的目标,很快就成了他们坚持下去的阻力,因为他们发现自己根本做不到。

实际上,那些真正取得高成就的人并不都是完美主义者。非常成功的大商人,获得诺贝尔奖的科学家,获得冠军的运动员,大多都知道自己有时候会失误,大多都能正视自己的挫折。在经过短暂的调整之后,他们还会为了远大的目标再接再厉。失望沮丧是短暂的,因为他们知道自己还要继续前进。

我们为自己确立目标,为的是激励自己前进,而不是为了阻碍自己。要克服这种拖延非常容易,只要针对两点做出调整就能见效。

第一,制订一个切合实际的目标。如果你是一个适应不良型完美主义者，那么，在制订目标的时候，就需要问自己，制订目标到底是为了让自己前进，还是为了让自己沮丧和失望？虽然不是高标准造成了你的拖延，但如果你的表现跟高标准差距太大，你就会在这个巨大的差距下变得拖延，也是由于这个原因，你成了一个适应不良型的完美主义者。

第二，衡量自己的表现时不能过于苛刻。适应不良型完美主义者常常对自己的评价过低，因为他们非常容易把表现和自我价值等同，其实这二者并不是完全对等的关系。适应不良型的完美主义者被自己的高标准和严苛的评价给绑架了，他们没有在完美主义的道路上成功，而是在完美主义的道路上陷入了失望痛苦的泥淖，他们没有走上前进的道路，而是为拖延开了道。

越拖延，越无法保证质量

大多数人认为，冲动和拖延之间是对立的。冲动可以让人立刻行动，而拖延则让人延迟行动。冲动让人行动迅速，而拖延则让人行动缓慢。

冲动和拖延，与速度和准确率之间有对应关系。心理学家把人对速度和准确率的要求叫作速度–准确率平衡。容易冲动的人，更注重速度，而不太在意准确性。而拖延者多少都有些追求完美，也就是说他们更在意的是准确率而非速度。从这个角度来说，冲动和拖延确实是对立的。

但是在某些情况下，冲动和拖延又显得不那么对立。比如，在考场上，人们都会把不会做的那道题拖到最后，如果临近交卷时还不会做，就会根本顾不上对错，靠着冲动，匆忙之间就把答案写上去。拖延得越厉害时，冲动就越难以控制。这样来看，冲动和拖延就有了相关性。就像是正相关曲线一样，当拖延程度上升的时候，冲动也越厉害。在最后期限到来的时候，眼看时间已经不够了，拖延者会牺牲准确率，以换得速度。这样完成的任务当然不会太令人满意。

这并不难理解，拖延者不会为自己制订完成任务的计划，就算他们制订了计划，也不会按照计划一步步地完成。到了最后期限，拖延者就会冲动行事，草草地完成任务。

皮埃尔斯·斯蒂尔博士经过研究得出了这个结论：冲动是拖延的一个方面。他发现拖延者总是认为时间多的是，导致他们最后才发现时间根本不够用。他把这种现象叫作"计划的失策"。另一些研究人员在此基础上，针对拖延和计划失策进行了相关性研究，他们得出的观点是：拖延者在对任务做时间计划时，依据的是以往的经验，他们把过去完成相似任务的时间照搬过来，可实际情况往往跟以往不同，他们计划的时间失效了。

拖延者往往在规定的时间内无法完成任务，并非是不知道截止日期就要到了，可他们好像根本不着急，也不想出色地完成任务，而是想在最后一刻草草了事。

娄明的女儿要过生日了。他平时工作忙，经常出差，很少能陪女儿，还是在妻子提醒下，才知道要给女儿买件生日礼物。可是，他不知道买什么好，趁上班的时间在网上浏览了一些儿童玩具，却始终不确定该买什么。后来，他想还有一个星期的时间呢，买个东西而已，抽空办了就好。

一周之后的早晨，妻子告诉他晚上下班要早点回家，为女儿庆祝生日。这时，他才想起来要给女儿买礼物的事情。可这个时候在网上买已经来不及了，看来只能去商场了。下班之后，他赶紧开车赶往商场，匆忙选了一个礼物。他忘记下班时间交通拥堵，结果被堵在了路上。等买完礼物到家，女儿和妻子已经在家等了他两个小时，这让他非常愧疚。

拖延到最后一刻，冲动主导了娄明的行为，他顾不上考虑女儿喜欢什么，也顾不上路上堵车，只想着能买个礼物回家，结果连交通高峰期也忘记了，让自己后悔不已。

拖延导致的冲动随处可见，而靠着冲动完成的任务，却常常不尽如人意。想想你自己的生活，是不是也有这样的情况发生呢？

是什么信念让完美主义者拖延

完美主义者们钟爱一些信念,在这些信念的指导下,他们非常容易拖延。

第一,平庸被人看不起。完美主义者想要事事都出色,如果自己表现平平,那简直没法接受。他们希望自己事业发展顺利,人际关系欢喜和谐,写一手好字,能做一桌好菜……一般的表现在他们看来非常难以容忍,因此他们总是通过拖延,为自己找到安慰,这样错误和失策就可以被掩盖了:"我表现一般,是因为时间不够。"他们相信只要时间足够,表现就能达到理想的要求。完美主义者在这个借口中找到了安慰,让自己不会小看自己。

第二,优秀的人不需要努力。完美主义者的信条是,真正出色的人,干什么事情都不用花费太多精力。再难的事情,都能轻而易举完成;任何决定,都能迅速做出来;学习任何事情,都非常轻松……如果一件事情要耗费太多时间和精力,就会让他感到自卑。如果他是一个理科生,他会说:要是不能迅速把这道题解出来，我就觉得自己太笨了。我那么聪明，而且那些概念和公式都在脑子里，可是却无法很快把这道题做出来，真是令人难过。我真不想坐在书桌前了，还是去玩玩电子游戏好了。

当面对无法一下子就完成的任务时，他们就会停止努力。如果有件事情让他们必须付出艰辛的努力，他们就会对自己感到失望，想用拖延的办法逃避努力。他们坚信优秀的人不需要努力，他们渴望聪明，反而显得无知。

第三，任何事情都要独立完成。他们认为求助就等于软弱，什么事情都要靠自己的力量来完成。他们不肯承认自己不知道答案，更不肯依据情况做出选择，他们不明白一个人不可能什么都做得了，更不懂得合作的乐趣。他们宁可孤独地奋斗，也不愿意求人帮忙。总之，他们认为不求助是光荣，一个人独立完成是骄傲。因此，他们的负担越来越重，最后只能用拖延的办法让自己喘口气。每件事都独自完成的信条，将他们一步步逼到了拖延的绝路上。

第四，无法忍受输给别人。很多完美主义的拖延者给人的印象都是不喜欢竞争，从不争强好胜。其实他们并非真的讨厌竞争，而是因为害怕在竞争中失败。如果处在需要竞争的环境中，他们就总是拖延，这样一来，他们就可以用讨厌竞争来掩盖失败了。

完美主义者知道，有竞争，就有可能失败，可他们却不能接受失败，因为那意味着他们太没用了。他们没有对竞争全力以赴，因为已经感觉到可能会失败。他们始终认为，要是自己努力，就能赢。就像一个论文没有通过的外国学生说，因为我用的不是母语，不是我不会写论文。

第五，不是全部，就是零。在拖延者的世界里，只有这两种情况，不是全都做到了，就是一事无成。他们似乎感觉不到自己离目标越来越近，哪怕已经完成了99%，只要还没有完成，对他们来说就是零。

完美主义者会这样说:"不是黄金,就是垃圾。"这就是为什么在到达终点之前,他们会因为失望而放弃任何努力。因为在他们看来,没到达终点,就等于一步也没有前进。

同时,我们也能理解为什么完美主义者的目标总是那么高,因为他们想一下把所有事情都做好,如果不是所有,他们就觉得什么也没有。

约瑟夫想要去健身中心锻炼身体,他的目标是每天都去。其实,去年他就在一家健身中心办了会员卡,可是他一次也没有去过。当人们费了一番口舌让他相信每天都去健身是不现实的,他才把目标改为每周去三次。在他制订目标的那一周,他去了两次。为此,他难过极了,他觉得自己什么也没有做到。

约瑟夫看不到自己一周去两次,已经比去年进步了一大截,还是认为自己什么也没有做成,因此他很难过。这就体现了一个完美主义者对自我评判的苛刻。

如果只有完美才能讨得你的欢心,那么你注定要失望。追求完美就像是追逐地平线一样,无论你怎么拼命跑,它都在你的眼前,而你却无法到达。

如果你是抱有以上观念的完美主义者,这里的忠告就是,是时候抛弃它们了。唯有逃脱这个魔咒,才能脚踏实地地逐渐走出拖延的怪圈。

用成长的心态瓦解完美主义观念

在克服完美主义导致的拖延方面,斯坦福大学的心理学家卡罗·德威克给我们提供了帮助,她发现一个人在失败后会有两种心态:固定心态和成长心态。

固定心态的人相信人的能力和智力是天生的,生来什么样,就是什么样。相反,成长心态的人则认为人的能力是可以提高的,通过学习和工作,人会变得聪明而优秀。

完美主义者面对失败,更倾向于固定心态。他们觉得成功只不过是证明自己拥有能力、智慧和才华。无论是生活中还是工作中,每个挑战都是为了证明自己足够优秀。要是自己足够优秀的话,无论什么事情,都用不着费太大的力气。在固定心态的驱使下,完美主义者无法容忍自己犯错误,更接受不了失败,因为错误和失败就证明自己没有能力,不够聪明。在他们看来,失败是可怕的,一次失败就证明了自己是没能力的,就像是被贴上了不够优秀的标签一样,一次失败代表着永远失败。

这样我们就能理解为什么有的人对失败如此恐惧,为什么有人失败一次就再也爬不起来；我们也能理解，为什么事情变得棘手之后，有些人开始放弃或拖延。因为固定心态驱使他们退缩或逃离，他们可不想做那些证明自己很差劲的事情。拖着不做事，让他们有了一层保护膜，他们认为拖延的事情不能证明他们没有能力。

当一个人抱着成长的心态看待事情，他就会努力让自己更聪明，更能干，激发自己的潜能，因为他们相信能力可以通过后天努力得以提高。在这样的心态下，没有人会逼迫自己立刻就做到某些事情，不擅长的事情反而更能引起他们的兴趣，因为通过努力学习，可以让自己获得这种能力，能逐渐成就自己。有了成长心态，挑战也会变得有价值，因为他们可以从中提高和充实自己。即使失败了，他们也不会认为是由于自己很糟糕。失败了只是说明要做成这件事，还需要花费更多的精力，需要更加努力。

用成长的心态，完全可以破除完美主义的观念，因为表现不等于能力，表现不好不等于平庸，没有人天生优秀到什么都能做，向人求助可以让自己学习到更多，失败不代表我不行，即使没有做到十分好，八分也是很大的收获。

成长心态让人不把表现跟自我价值画上等号，拥有这样的心态，你就再也不会过于关注表现，而是关注自己有什么收获，是否从中得到了快乐，是不是提高了自己的能力，其结果不过是水到渠成的事情而已。能力不再是固定不变的，它会随着你的努力向上发展，做任何事情，不是为了证明什么，而是为了学习、进步和提高自己。如此，你才不会因为不完美而逃避或拖延。

要体会努力过程中的美好

一些拖延者看不到努力的价值,特别是完美主义型拖延者,因为他们更关注的是结果。他们能飞快地说出自己没能完成的任务和目标,可是却说不出努力过程中的好处。如果你问他,努力过程中有哪些美妙之处,他们一定说不出个所以然来。

在努力完成一项任务时,过程的美好往往被忽略了,只想着完不成的任务,对事情并没有帮助,反而会让人陷入糟糕的情绪中,以致泄气,失掉自信,最终导致任务更加拖延。

如果把关注的焦点转移到努力上来,你就会发现,完成任务是水到渠成的事情。你需要调整自己关注的内容,把视线从结果转移到努力的过程上来。你可以这样想:

我的每个步骤都完成得很细致。
完成这一步,就离目标更近了。
我今天克服了一个很大的困难。
我很认真地在做事。

做不好也比没做强。

我尽力了，我不后悔。

正面地看待自己努力的过程，比只看结果更有帮助，每当你坚持不下去的时候，这样做就会让你坚持把事情做完。

你需要的是正面的激励。当你认为自己非常努力的时候，可以给自己"发放一些福利"，奖励一下自己。奖励的方式因人而异，能让自己感到有动力或者满足的方式是最好的。可以去泡个温泉，看一场电影，买一件漂亮的衣服，回家补一个美容觉，踏青，看一场演出，吃一顿喜欢的大餐，跟朋友聚会，等等。

奖励自己是为了激励自己，为完成任务增加动力，千万不可以滥用。刚刚开始使用这个方法的时候，一定要注意分寸。如果你以前始终认为没有实现目标，就是一无是处，那你可能还不太习惯因为过程的努力而奖励自己。不过适应一下，很快就会发现它的力量。在使用奖励法的时候，你需要注意几个问题：

1. 确定一件事情是否值得奖励是看努力程度，而非结果。奖励不能太随意，不然以后就会变得太频繁而失去了效果。确定在一件事情上的付出达到了足够奖励自己的程度，才能对自己进行奖励。奖励和成绩的大小关系不大，主要看努力的程度。紧张地复习了很长时间功课，即使成绩没有出来，也奖励自己一番吧，因为你努力了。

2. 把奖励和努力的程度联系起来。付出的努力大，时间长，理应给自己一个大奖励。而付出少，奖励就应该小。否则，不考虑努力程度的奖励，会让奖励失去效力。

3. 奖励要适时。如果一个奖励来得太迟或太早，效果就会打折扣。因为时间加长会让人对奖励的享受感降低。我们的目的是从奖励中获得动力,过迟的奖励已经不能起到这个效果了。比如我们做一件事情,前期付出了很大的努力,但是后期依然困难重重,需要更大的努力,那么奖励自己的最好时机,就是中途感到困难的时候。如果事情已经结束了,那这个奖励就失去了它本来的意义。如果奖励太早,还没怎么付出,就让自己得到了实惠,岂不是本末倒置了,弄不好,还会使自己松懈下来。

  在努力的过程中,注意到自己的付出,并给自己积极正面的评价,是鼓励自己前进的好办法。我们不一定在每件事情上都能取得成功,但我们在每件事情上都会努力。在这种积极的心态下,目标的完成率会比只看结果要高。这可以帮助我们在轻松愉快的心情下克服拖延。

每天进步一点点，克服完美主义

完美主义拖延者，总是想一口就吃个胖子。在工作中，他们的问题就是只能看到最好的，却不愿意为一点点的提高而努力，因此他们不愿做小事，在工作中看不到大的收获，就拖延做事。

如果一个销售人员是完美主义者，他可能是这样的：当月中旬，他感觉自己可能完不成公司要求的业绩，于是放弃努力，对于小的销售额根本不放在眼里。

他们意识不到，只要当月中旬十分努力，即使完不成任务，至少也会比不努力收获要大。即使本月没完成，也可以为完成全年的销售任务做些积累。人们对他们的评价可能会是这样：工作非常努力，但有时候运气不好。这当然不是真的，只有他们自己知道自己在什么时候拖延了。

在工作中只有克服这种只能接受最好结果的工作态度，才能每时每刻都努力工作，而不是拖延。因此，这样的拖延者需要端正态度，即使业绩完不成，也要努力工作。这是因为：

1. 最好的业绩最难保持。每个月的实际情况不同，况且自身状况也会有不同,所以保持最高业绩是非常难的。假如你这个月私事非常多,肯定会影响你的业绩,想要月月都是最优秀的根本不可能。如果发现业绩达不到最好,便放弃努力,那只能把你拖向更糟糕的结果。所以,不如踏踏实实做事,能做多少就做多少。

2. 微小的进步也是行动的动力。当你没有条件做到最好的时候,就要看到自己细微的进步和收获。那些曾经优秀的人,总认为自己应该做到最好,因为大家对他评价很高,如果不是最好,就会觉得抬不起头来。可阻力总是难免的,谁能保证自己一辈子都是最好的呢?不如对自己降低一些要求,只要看到微小的成绩,就努力去做。今天没有卖出公司的产品,可你应该看到你今天接待了三个意向客户,为以后的工作打下了基础。这样你就有了行动的动力,而不会陷在糟糕的拖延里。

3. 稳步上升比始终都落后要好。还有一些完美主义者,从来看不到自己的进步,只能看到自己的落后,干脆就不再努力了,工作起来一点儿劲头都没有。他们明明知道该做什么,可就是拖着不做,一边为自己的落后感到焦虑,一边拖拖拉拉。人们常说"每天进步一点点",这句话非常适合这类拖延者,如果每天进步0.1,十天就是1,你就会看到自己的工作成果。

完美主义者与非完美主义者最大的不同,就在于看问题的角度。如果完美主义者能尝试用不同的角度看问题,也许就不会再放弃微小的努力,从而克服拖延。

不做完美主义者

在生活和工作中，有追求完美的心态，是非常好的，这样可以让你为获得更美好的生活和更优异的工作成绩而努力。但是凡事过犹不及，太过追求完美，便成为一种困扰，更会带来拖延等其他问题。只有粉碎完美主义的理念，接受现实中的不完美和不满意，这样才有利于我们克服逃避和拖延的心理，人生才能更轻松、务实和多彩。

如果你还不确定自己是不是有完美主义倾向，那就需要问自己一些问题。

1. 你为自己确立的目标总是阻碍你，而不是帮助或激励你？
2. 你是不是认为时机合适的时候才能开始做事？
3. 你是不是对自己非常严格，对别人比较宽容？
4. 你是不是认为一点小错误就等于失败，让你难以容忍？
5. 你做事情，是不是比一般人花的时间要多？
6. 是不是你计划做事情的时间更长，而实际做事的时间短？
7. 你接受一个任务的时候，是不是责任感非常强，而没有多少乐趣呢?

8. 遇到困难的时候,你是不是会乱了阵脚?

9. 你是不是总是担心自己做得不够好?

10. 你是不是在需要拿主意的时候,感到困难?

11. 如果找不到正确答案或者对事情结果不确定,你是不是会感到很纠结?

12. 你制订的标准是不是经常受到现实条件的限制?

按照自己以往的情况作答,如果大部分答案都是肯定的,那么毫无疑问,你有完美主义倾向,而且,可能已经受到它的影响,以致使你的生活和工作受到了阻碍。不要紧张,我们已经对完美主义了解了那么多,总会有办法解决。

在你的眼里,做个普通人实在是太可怕了,平庸是你最不能接受的。在成长过程中,家长和老师的教导,还有个人的亲身经历,会让你时刻提醒自己:做事就要证明自己是优秀的,犯错误和失败是很丢脸的事,只有我是优秀的,才能被大家接受和喜欢。

现在你必须改变自己的想法了,因为最优秀的只有一个,比如比赛的冠军,只能有一个,但是第二呢?你觉得第二就等于平庸吗?事实上,第二也是很优秀的。

接受自己并不那么难。很多有成就的人,并不是第一名。我们没有必要在任何事情上都争第一。如果事事争第一,这种思想总是占据着你的头脑,那么除了会给你巨大的压力,让你苦不堪言之外,还会导致你拖延。如果你是一个理科生,干吗一定要在文科领域拿第一呢?只要你的理科成绩足够好就可以了。你又不是厨师,干吗要每道菜都擅长呢?能做几道可口的小菜已经很不错了,就算是厨师,全世界的美味佳肴那么多,谁敢说自己每样都能做得出来呢？

对自己的要求太高，只会让你离成功越来越远。一个人一生中有一件或者几件擅长的事情，就已经不错了，承认自己在某些方面能力有限并不会丢脸。说相声的不会跳舞，没有人会笑话他；唱戏曲的不会唱流行歌曲，也没有人会笑话他。如果你事事都要求自己表现得最好，遇到力所不及的事情就本能地逃避，拖延也就找上你了。你想远离错误和失败而不做事，就没法锻炼自己，更没法让自己获得提高。

每个普通人，都有自己的优点。做个普通的人，也并不可怕，你完全可以从现在就告诉自己："我就是一个普通人，我也会失败，也会犯错误，但我还是有追求，我会做得更好。"从现在开始，降低自己的标准，让自己轻松地投入到每件事情当中，即使困难，表现不好，也不要拖拖拉拉，乐观地把事情做完吧！

第八章

错误的"心理时间"导致拖延

什么是"心理时间"

拖延者经常为时间而感到恐惧,因为他们的心理时间和实际时间不同步。很多人拖延是因为他们活在自己的心理时间中。

每个人都有一个心理时间。当时间悄无声息地流淌时,每个人的感受都会不同,这就是心理时间。它没法用钟表衡量,每个人的心理时间也无法相互比较。这是每个人脱离了钟表之后的一种感受。我们有时候觉得时间过得快,有时候觉得慢,就是这个心理时间在作怪。

我们需要调整自己,才能让心理时间跟实际时间相吻合,如果它们不一致,可能会引发拖延或者行动超前。一些人认识不到自己的心理时间和客观时间的差距,因此他们的心理时间和实际的时间就会发生冲突。这些人会被自己的心理时间绑架,并可能开始拖延。

心理时间会支配一个人的行为。有时候我们描述一个时间时,用的不是几点几分的钟表时间,而是用一个事件来描述时间,比如:"我吃完饭后,就出发""我把报告打印出来之后,就去开会""我起床后，去锻炼身体"，这些都是使用的事件时间。这是一个事件带给你的时间感，事件的发生、发展、结束都可以带给你时间感。

当我们关注事件的时候，心理时间就是事件时间。此时，心理时间就和实际时间比较贴近，甚至是完全吻合。这时候，我们处理这些事情，就不会拖延。这样，即使在一个需要长时间努力的事件中，我们也不会忽略最后期限，我们还是会按部就班地工作。

每个人的心理时间都不同，想要让一个人接受另一个人的心理时间是非常难的。如果一个拖延者在截止日期跑到邮局去邮寄税费，你问他为什么迟到，他会怒气冲冲地说："还差5分钟才是半夜12点，我来得一点儿也不晚！"看来他的心理时间跟实际时间贴合得非常紧密。

著名心理学家和社会学家津巴多对人的时间感做了研究，他的研究结果表明人们感知时间是以过去、现在和未来为标准进行的，如果能做到三者兼顾，就会比较适应社会生活，而如果只偏向于其中一个或者两个，就会发生矛盾和局限。例如，对未来时间感知失衡，会导致长远目标的拖延。如果一个目标或者事情是在很远的未来，就会给人一种不真实的感觉，形成一种它不重要的错觉。比如一个人应该为自己储备足够的养老金，可是年轻人很难把它当成一件重要的事情来做，相反，为了旅游储备金钱则给人更真实的紧迫感。也就是说，人们总是急着做眼前的事情，未来的长远目标因心理时间的影响而拖延了。

如果我们的心理时间和实际时间发生差异，还会导致社交拖延。比如，你的心理时间比约会的时间晚，你可能就会迟到。

拒绝接受实际时间的人会给人造成不守时的印象。固执地按照自己的时间表和方式处理问题，会导致行动的拖延，而拖延的你还误以为自己控制了时间、他人、现实。

　　无论你是否接受，我们都无力将时间控制在自己的手里，因此必须调整好心理时间，避免因心理时间误差造成拖延。尽量让个人的心理时间和实际的公共时间相吻合，才能更好地融入生活和工作之中。

每个人生阶段的时间感都可能
引发拖延

  我们的时间感是随着年龄的变化而不断变化的。正常情况下,一个人一生要经历婴儿期、幼儿期、儿童期、少年期、青年期、中年期到老年期,这期间时间感也在一直变化。人在每个时期对时间的感觉都不一样,任何一个阶段的时间感都可能和拖延有关系。

  婴儿期的时间感完全是主观的。不管现在是几点,只要他饿了,就会哇哇大哭。婴儿的时间就是感觉到饿和吃到东西之间的那段时间。如果一个婴儿饿了,却没有东西吃,他就会变得非常焦躁,哭起来没完没了。

  如果一个人的时间感始终停留在婴儿期,他在面对恐惧和焦虑时,就会感觉到难以忍受,而且这种感觉不会轻易消失。拖延是逃避这种感觉的一个好办法,如果感觉到难以忍受,只要抛开这些事情就可以了,任何不好的后果都可以忽略不计。这就跟婴儿一样,一旦嘴里有东西吃,就再也不需要其他任何东西了,他可不会考虑下一顿饭是几点。婴儿要的只是摆脱现在的饥饿感。

进入幼儿期以后，过去、现在和将来渐渐清晰了。一个三岁的孩子，如果饿了，你让他等几分钟也是可能的，他们不会立刻就哇哇大哭。不过一个刚刚开始蹒跚走路的孩子，在时间感上还是主观的，可是他们逐渐在适应家长的时间。大人会对他们发出命令："现在不能再玩了，该吃饭了。""快过来，现在要出门了。""太晚了，要上床睡觉了！"诸如此类的命令会让一个孩子渐渐感受到时间的存在。

在一个家庭中，总是父母的时间主导着孩子的时间。如果亲子关系良好，孩子就比较容易接受父母的时间，孩子会把时间当成一个可靠的伙伴。如果亲子关系不好，当孩子逐渐发现违背父母的时间，更能表现他们的独立性和意志力的时候，他们就会把时间当成敌人。后来，这些孩子不断地拖延，他们仿佛是在和时间斗争，而实际上是在同制订这些时间表的人斗争。拖延实际上是他们想要抵制父母时间。

进入儿童期以后，孩子们学会了认识时钟，他们能够理解每个刻度之间表示一段时间。也就是在这个时候，孩子跟外界开始进行艰难的时间对接：按时完成老师布置的作业，按时上学，按时上课。

当一些对控制和独立比较在意的孩子，受到大人的时间约束时，时间就成了压迫他们的一个东西；当他们能按照自己的想法安排时间的时候，时间又成了一个解放他们的东西。一些孩子不具备良好的时间感，当外界的时间介入他们的时间的时候，会感觉到强烈的压迫感。在以后的生活中，他们也可能体会不到时间的流畅感，而是感觉时间是支离破碎的碎片。

少年期会迎来时间感的巨大变化。身体上的变化是时间溜走的铁证，再也没法回到无忧无虑的童年。童年的影子不见了，他们感觉到生命还有无限的长度，敏感和热情在他们身上表现得十分明显。他们的未来看起来那么宏伟，学业的选择、工作和人际关系等等离他们越来越近。

一些少年在这个过程中内心充满了冲突，他们不愿意长大，不愿意面对选择某种人生道路或者放弃某种道路，而是希望通过拖延将自己留在这个时期，坚守这种生命无限的感觉。

二十几岁的青年期，虽然时间看上去还有很多，可是很多事迫在眉睫，有些事情没有足够的时间完成，一些机会被错过。他们不断地感觉着自己和时间的关系，想知道自己到底会成为什么样的人。拖延带来的负面影响越来越凸显。拖延和工作、人际关系等等现实的问题紧密地联系起来。

三十几岁的中年期是个明显的分界线。事业和感情上的拖延，会突出地表现出来。拖延者很难忍受人生的种种限制，当他们突然发现有些目标在这个时候没有实现，会感到非常伤心。一些拖延者在中年期开始跟低落的情绪做斗争，因为很多事情不可改变。

拖延者本来生活在无限的幻想中，而现在突然惊醒了：我都做了什么？我还有多少时间？我之前为什么一事无成？未来该怎么办？回顾过去、接受现在和未来是个艰难的心理过程。

老年期可以清晰地感觉到时间正在越来越少。死亡和失去包围了这个阶段，身体越来越差，亲人离世，日子过一天少一天。心理时间变得比实际时间更重要。拖延者始终在跟有限的生命进行抗争，而现在发现面对生命必将结束是困难的，必须接受自己做了的和没做的所有事实，接受意味着内心的平静，不接受只能陷入绝望。

错误的时间感带来拖延

如果一个人的时间感跟他们的年龄相匹配，并且总是能和现实的时间达到平衡，他的生活就会平稳正常。如陷在错误的时间感里，就会带来麻烦，后果之一就是拖延。当下的人生阶段和心理人生阶段不吻合，会把人拖进一个巨大的旋涡。

首先，一些人带着他们对时间感的特殊感受，往往沉浸在以往的生命阶段中，并开始不知不觉地拖延。比如一个人明明已经步入成年，可他的时间感还留在青少年时期，而青少年认为时间是无限的，他们意识不到生命的尽头就在前方。成年了还沉浸在青少年的时间观念中，会让一个人无法平衡自己与要面对的世界的关系，工作、家庭、健康和财务等等都会出麻烦，引起毫无意识的拖延行为。

这些拖延者害怕想到未来，也拒绝讨论未来。他们感觉不到自己也会变老，不会为自己的将来做打算，对机会也不知道把握。这些拖延者对自己将来要面对的后果毫无意识，拖沓起来更是没完没了。

每个人生阶段都有必须完成的事情。错误的时间感很容易让人掉进拖延的深渊。如果过了30岁还没有把保险和健康提上日程,恐怕50岁一过就要面临问题。

其次,还有一种让人拖延的错误时间感,那就是主观感觉上不受时间约束。它会导致两个表现,一种是在时间中迷失,另一种是将时间割断了。

在时间中迷失的人做事拖延,而且毫无危机感。在玩得高兴的时候,人往往会产生不受时间约束的感觉。

海伦今年已经30多岁了,她非常喜欢享受当下。她感觉自己能超越时间的限制,完全不受时间的约束。于是,她不去想提高自己,也不去想老了之后会怎样,工作、家庭和学业都无法让她有压力。她非常享受这种感觉。

她把这种感觉也带到了生活中,以致把自己的长期目标都忽略了。她不知道自己要花多少时间才能让自己的事业再上一个台阶,怎样发展一段稳定的关系,建立一个家庭。现在她的收入非常低,要是不用分期付款的方式,连手机和电脑都买不起。周围的人事业都在稳步发展,而她连自己的工作都不能稳定下来。她觉得沉浸在不受时间约束的感觉中最好,因此拒绝走上生活的正轨。

海伦迷失在了时间之中,沉浸在舒畅的自由感里,她不想解决当下的问题,把自己的生活搞得一团糟。虽然不受时间限制的感觉能带来快感,可现实的问题如果不解决,拖下去只会让自己变得更加无助。

在时间迷失的状态中,无论过一个小时还是一天,都让人感觉时间飞快。一个只专注于快乐感受的人，根本感觉不到时间的流逝，而从这些事情中回到现实，才发现岁月已经虚度了。

另一种造成拖延的错误时间感是时间割裂。在不受时间限制的感觉中，有人会将过去、现在和将来之间割裂，让它们之间失去联系。拖延者尽力相信，未来和过去或现在没有任何关系。比如，他上次在某事情上拖延了，当再次面临同样的任务时，他却拒绝想起上次的事情，从中获得教训。因为他不愿意想起在上次事情中经历的恐惧、焦虑和压力，他只希望这一次能顺利地解决问题。他期待一个崭新的自己。

可这种想法会带来一个问题，将过去和未来完全隔离地看待，会让自己失去连续感，仿佛你是活在一个个时间的断层。而不承认过去的你，就没法做出改变，成不了崭新的你。这种情况下，会形成自我改变的拖延。

沉溺于过去,是一种逃避

很多人现在的拖延,归根结底是由于过去对他们的影响。过去辉煌、当下落魄的人,很容易沉溺于过去,以此来自我安慰,因而不能正视今天的生活。而过去也灰暗的人,容易沉浸在顾影自怜、自怨自艾的情绪中,忽略了眼下还得为未来打拼。这些人的拖延,都是源于逃避接受现实。

过去生活的辉煌会带给人安慰,在现实中,各种事情应接不暇,让人透不过气,怀揣着自己过去的辉煌,可以减轻现实生活中的痛苦。

乔治的大学阶段十分辉煌。他是篮球队队员,每次比赛都能获得无数的掌声和赞叹。可是,在一次比赛中,他脚踝受伤,不得不结束自己的篮球生涯,成为篮球明星的梦就此破灭。此后,为了生计,乔治找了一份汽车销售的工作。可他的心思从来不在工作上,在工作中,他的报告等书面文件总是一拖再拖,从来也不能按时完成。如果听说谁为了多挣些钱就跳槽了,他会说:

"我敢打赌这些人从来没干过什么大事,他们从来没听到沸腾的观众在赛场上呼喊自己的名字!"

乔治始终活在对过去的回忆中,他认为自己始终是那个篮球场上的乔治。可是无论他是否接受今天的生活,现实就摆在眼前。

乔治沉溺在过去的辉煌中,而不能真正地开始现在的生活,因此,工作中的事情,他都不放在心上,自己工作拖延,还耻笑他人没有出息。其实,不仅是乔治生活在过去,每个人都可能刻意将自己停留在生命的上一个阶段,而拒绝迎接下一个阶段。少年可能沉浸在更为幸福的童年,拒绝繁重的课业;中年可能活在年轻人的世界里,害怕面对自己身体越来越差,一些生理功能开始退化的事实。

很多五十多岁的人,还是不肯考虑退休之后的安排,也不对财务进行打理,好像他要始终保持工作的状态,永远也不会退休一样。然而时间会流逝,人会衰老是不争的事实,必须学会面对现在和未来。

过去、现在和未来总是相互影响,交织在人们的生活中。不仅仅是对过去的辉煌念念不忘的人会受到过去的影响,一些有过不幸过往的人也同样对过去耿耿于怀。如果不能彻底摆脱过去,它就会拖住你前进的脚步,让你到不了想要的未来。

金德出生于西安,但是他的其他家人如今都生活在北京,只有他一个人还在西安。他其实并不是个做事拖拉的人,而且也很想到北京跟家人团聚,但是却迟迟没有把工作关系转到北京。原来,幼年时一些糟糕的经历始终让他无法释怀。当他还是个小孩子的时候，曾随父母到北京生活。那时，他在学校里跟同学相处得非常不好。因为说话是外地口音，小朋友们老是笑话他。每到这时，他就很气愤，甚至会和同学打架。久而久之，他就被同学们孤立了。父母每天忙于工作，并没有发现他遇到的问题。后来，他的问题延续到了初中、高中，他在学校里就是人们口中孤僻的孩子。考大学时，他特意选了在西安的大学，好回到自己最初熟悉的地方。毕业后，尽管现在他在事业上小有成就，但在北京上学的不愉快经历一直让他不能释怀，所以对于要回到北京这件事，他迟迟没有行动。他一直认为自己事业上的成功早就让他忘记了童年时代的阴影，可是一旦提到搬家的事情，他就想拖下去。

发生在金德身上的拖延，就是非常隐蔽的逃避过去的行为。他渴望跟家人团聚，但是想到过去跟同学们之间糟糕的关系，他就不想立刻回去。

无论过去发生了什么，你是否喜欢它，也不管你是否会想起它，它都会带给你影响。今天的你是由昨天的你构成的，有些事情不是你的错，但你必须得面对。我们没法回到过去，改变它，只能认真对待当下的生活。

当过去的某件事情，引起你的拖延时，就需要警惕了，这是一个信号，说明它牵着你往后看，让你对现在失去判断，而更关注过去的感受。

对过去的恐惧可能跟现在要面对的问题并没有太大关系，而当你的脑海中总是想着过去时，它就会对你现在的生活构成影响。有句老话说得好："一朝被蛇咬，十年怕井绳。"被蛇咬和井绳本没什么关系，可是这种害怕却会让你不敢到井边打水。

对于沉浸在过去的拖延者，无论你是对过去的辉煌念念不忘，还是对过去的灰暗无法释怀，你都需要思考自己跟时间的关系，关注自己在时间中如何看待自己。这两方面的反省非常重要，这样你的心理会变得更加成熟，让你放弃心中的包袱，选择面对现实，而不是用拖延的方式去回避。当你成熟起来的时候，就能接受真实的过去。这时候，你才能处理好过去和现在的关系。

管理好当下，过去和未来才有意义

在对拖延者的调查中，我们发现部分拖延者无法让自己前进的一个重要原因是，他们总是沉浸在过去中，不能自拔。

那些被怀念的过去，大致分为两类，让人感到痛惜的失败经历和让人回味的美好时光。在对失败的回忆过程中，他们变得犹豫和胆怯。比如，为全家选的度假酒店服务非常差，几乎毁了全家人的旅行兴致；为自己买的某样东西超出市场价格很多倍；等等。相反，那些美妙无比的日子也总是让他们陶醉其中。比如，曾经有一个非常好的伴侣，几乎赢得了所有人的夸赞；在求学阶段，表现非常出色，总是被光环笼罩着；童年期，家境非常好，跟同学比起来，非常有优越感；等等。

追忆并不是引起懒惰的原因，但是如果单纯地追忆而不是为了和今天发生联系，就非常容易导致懒惰了。大多数有拖延习惯的人，会更多地想起那些令人沮丧的事情，而不是记起那些积极的事情。

心理学家花了很大的力气调查拖延者到底在想什么。长久以来，我们只知道拖延者浪费时间，可是拖延者到底是怎样看待时间的呢？

肖恩是个接受实验的拖延者，他这样描述自己的情况：我经常会回忆起没能坚持下来的工作，没有买到票的音乐会，已经离我而去的前女友。现在的生活让我常常感到无聊，没有什么事情能引起我的兴趣。我和前女友已经分手七年了，没有再交女朋友，现在我的同事薇薇很喜欢我，可我始终没有回应她。

肖恩虽然生活在现在，可他却怀揣着过去。那些失去的美好仿佛在拉扯他，让他没法开始现在的生活。看来，拖延者对现在的时间毫无意识，他们看不到现在，而是一味地沉浸在过去无法自拔。

拖延者不仅看不到现在，而且也不关心未来。心理学家曾对一些成年人进行调查，发现他们对将来的生活一点也不在意，对未来也没有任何期待。他们虽然生活在当下，并关注现在，可他们并非是为明天做事，而是为了享受当下，纵情欢乐。在他们看来，时间或者生命就是用来挥霍和享受的。

想要克服拖延，按时完成任务，我们就更应该关注未来的目标。如果能及时行动，按期完成任务，走向未来会变得很轻松，至少是心理上的。而拖延者并不这样认为，他们更希望把事情推到明天。在他们的脑子里，未来是那么遥远，仿佛是个不存在的事物。结果，他们就拖延了。

看来，在看待生活和时间的问题上，拖延者需要做出调整。沉湎于过去，忽视现在和未来，是非常不可取的。沉湎于过去，让人感到对眼前生活很无助，仿佛面对命运，一切努力都是徒劳。这种想法对生活没有丝毫的益处。我们该做的是，关注当下和未来的目标。我们应该看看周围在发生什么，关注那些能让生活更精彩的事情，为自己制订目标并行动。

　　管理好当下，把长远目标和关注现在结合起来。生活总会有些挫折，而我们需要规划好未来，把目标当成行动的导向。

学会几个掌握时间的技巧

拖延者对时间的看法经常会脱离实际,他们的时间观念过于主观。毫无疑问,拖延者需要提高认知时间、管理时间的能力,因此非常有必要掌握一些认知时间和管理时间的技巧。

大多数拖延者并不能很准确地判断好时间。他们把完成某项任务的时间估计得过长或者过短。比如他们会说:我可以花一天的时间读完《基督山伯爵》。这个时间显然是太短了,因为那部著作翻译成中文后,大约为90万字,远远超过了一天时间的阅读量。再比如,他们迟迟不肯打扫房间,理由是:那会占去我很多时间,我这一天就什么也干不了。这两种情况都会造成他们的拖延,他们不是拘泥于没有在预计时间内完成任务,就是把本能做完的事情搁置了。

为了能较为准确地估计出完成某项任务所需要的时间,我们必须做一些练习,以帮助我们调整自己的心理时间。

这个练习并不难,先对完成一个任务做一个时间估计,之后记录自己实际花费的时间,最后做一次对比。例如,你可以把准备晚餐的时间做一个估计，之后看看时钟，开始做饭，当你的饭菜都上桌以后，你就可以看看实际花费了多少时间。两个时间相差多少？你估计的时间是短了还是长了？下次做饭的时候，可以把这个练习重复一遍，多做几次，你就能对做晚餐的时间做出较为准确的时间估计。

这个方法也适用于工作。处理邮件、整理报表等日常工作都可以用来做时间估计练习。这个练习能够帮助我们对自己将要完成的任务做出更准确的时间估算，这样我们安排起时间来，就更得心应手，并能减少拖延。

在时间的认知方面进行练习以后，我们还要学习管理自己的时间。这需要从两个方面入手，有效利用闲散时间和排除意外事件的干扰。

如果能把闲散的时间利用好，就可以不用为了做一件事，等待一整块的时间。这样，我们就能在有限的时间里，多完成一个或者几个项目。

利用闲散时间的意义在于，只要有空闲的时间，我们就可以行动，哪怕是10分钟。假使你的任务需要3小时完成，你可以把那些闲散的10分钟、15分钟、20分钟都利用起来，而不是消极地等着一个完整的3小时出现。哪怕你只能利用一点点闲散时间，也比什么都不做有意义。

一个人每天都会有一些闲散的时间。如果你的约会对象迟到了15分钟，那么就有了15分钟的闲散时间。在火车站候车，可能会让你得到1个小时的闲散时间。当你注意到这些闲散时间的时候，你会发现原来自己的时间这么多。

利用闲散时间有很大的好处，可能你一周很难抽出3个小时的完整时间，但是10分钟、8分钟闲散时间却经常能出现，你不用等待那个完整的3小时再行动,直接就可以利用这些零散的时间一点点完成。这会大大提高你的任务完成率。

事实上,利用闲散时间还有一个好处。旺盛的精力和那些大块的时间一样难以遇到,也就是说,拖延者即使很幸运地找出了一个完整的3小时,也未必会有旺盛的精力,在3个小时内把事情做完。这种情况下,我们可能高估了自己的忍耐力和注意力,而造成拖延。而那些闲散的时间里,因为时间短暂,我们则更容易控制自己的注意力和行动力。

当我们认识到"短有短的好处"以后,还要学会规避可能延长完成任务时间的情况,也就是防止意外情况发生。我们可以把那种导致拖延的事情叫作意外干扰事件。比如,你需要给某人打电话,本来3分钟就能做完,你却忘记电话号码记在哪里了,你花了10分钟翻遍了桌子上所有的书籍和本子,才找到写有电话号码的那张纸条。你花费了13分钟才打完电话。这样没头没脑的事情经常让我们难以按时完成任务,要掌握好时间,必须想办法规避这类情况。

皮尔斯周一下午要去面试。一个星期前他就得到了通知,他知道自己应该为面试做准备,应该把西装拿出来熨烫一下,研究这家公司的发展情况,准备好自己需要做的陈述。可是,他把大把的时间都用在了后两个任务上,迟迟没有熨烫衣服。周一上午,他才把西装拿出来熨烫,可事情非常糟糕,他不小心把西装烫坏了。没有办法,他只好打电话请求面试延后。

像烫坏衣服这类突发情况,会打乱我们原有的时间安排,让我们不得不把事情拖后。

做事情过程中通常都会出一些差错,因此,我们必须尽可能地规避这些意外,让事情进行得更顺畅。比如,及时为工作文件和通讯录做备份,去机场要避开交通拥堵的高峰期,出差要带好常用药,等等。尽可能地防止那些让人措手不及的事情发生。

时间问题是拖延者需要面对的一个挑战,时间是一个客观存在,不随个人意志而转移。我们不需要慌乱和气恼,只要通过一些手段使心理时间更接近客观时间,就能提高我们做事的完成率,减少拖延。

第二编 治愈拖延症

第九章

你是否因恐惧而不敢行动

信心不足，会导致逃避型拖延

人们总是会时不时地遇到一些让自己产生畏惧和恐慌的事情，比如艰巨的任务，比如对未知的探索。有些人面对这样的情况，会觉得非常刺激，勇于接受挑战。而有些人则屈从于自己的畏惧心理，对此进行逃避。其实逃避是人类对于自身畏惧心理的一种自然的反应，某些情况下，逃避可以保证人们的生命安全。但是在日常生活和工作中，很少涉及生命安全问题，逃避只能让人把事情往后拖。在各种类型的拖延中，逃避型拖延占了很大的比重。

让人产生逃避心理的因素有很多，其中一种是信心不足。一些人对完成任务的信心不足，总是想逃避任务，他们不定过高的目标，这样就可以少面对那些自己不擅长的事情。那些对考试头疼的孩子，写作业总是拖拖拉拉，他们觉得学习太难了，没法沉下心来复习功课。一些需要改善健康状况的人，迟迟不肯运动和调整饮食结构，因为他们没有足够的信心坚持下去。而业绩不好的销售员，也常常害怕跟客户沟通不好，而逃避面对客户。

小良做的是保险销售工作,她入职的第一个月,并没有销售压力,每天听听公司的销售讲座,跟着那些老同事学习,看一些推销的书籍,对着镜子喊振奋人心的口号,日子过得很轻松。

可是第二个月一开始,业绩压力就向她袭来。早晨上班后,她坐在办公桌前,给目标客户打了两个电话就没信心了,对方不是说正在开会,就是说正在忙呢。她开始对自己的能力感到怀疑,觉得自己没办法说服客户,于是她产生了逃避的想法,只要能不打电话,就尽量拖着不打。

一天的时间很快过去了,小良一个意向客户也没有联系到。

客户的冷漠态度使小良感到恐惧,她不相信自己能打动客户,拓展业务,只好选择逃避。这样的销售人员怎么可能做出业绩呢?在销售工作中,业务员不知道要被拒绝多少次,才能出现一个意向客户。客户的拒绝是销售工作中需要面对的主要问题,任何一个业务员都无法回避。一些人在最初的拒绝声中丧失了信心,而另一些抗压能力非常强的人,会把被拒绝当成平常之事。小良就属于前者,她拖拖拉拉地不肯主动联系客户,而是将时间白白地浪费了。

缺乏自信导致的拖延非常常见,很多人放弃努力都与此有关。例如,一些慢性病患者对康复缺少信心,他们屈从于身体现状,不再为治愈疾病而努力。

缺乏自信的人选择拖延,他们有意识地将期望值降低。

一些孩子,这次考试考了60分,而下一次考试的目标只有65分,他们这么做的原因就是对提高成绩缺乏自信。身为销售人员的小良也不会要求自己按照公司的要求完成销售任务。这样一来，他们把拖延变得合情合理了，至少是说服了自己。

缺乏信心而导致拖延并不是突发的，是逐渐养成的。

例如事例中的小良，如果追究起她从前的生活，必然也有类似的拖延情况发生。

有些人不是很自信，又一再地放任自己，等到逃避型拖延已经养成，自己也感到无奈了。这样的拖延者根本没有宏伟的目标，他们觉得自己只要能做到正常的一半就很满意了。他们不会真正地付出努力，只会一直拖下去。

害怕困难而拖延

畏难,是很多人都有的心理。遇到难题之后,第一反应就是逃避。就像学生做习题,遇到稍有难度的题,便跳过不做,先做容易的。其实这样也很正常,只不过,难题并不会因为拖着不做就消失,最终还是要解决。

在生活中,类似的情况有很多。有些人遇到困难之后,觉得解决困难是个十分痛苦的过程,便能拖多久是多久。有些时候,这些困难在拖延了一段时间以后,会变得容易做或者直接消失,但是大多数情况下,困难越拖难度越大,最终发展到不可收拾的地步。

难度大是客观事实,但不是拖延的理由。任何事拖着不做,我们都能找到理由,但是拖到最后,还是要去解决。既然不得不做,不如让自己心甘情愿去迎接挑战。

其实解决困难的过程,并不一定是痛苦的,有时候这个过程会充满新奇,当困难解决之后,还会带给人成就感。当你花了很长时间解出一道难题的时候,你会发现,那种开心的感觉要比做一道5分钟就能解出的题目更强烈。

　　有的时候，面对自己力所不及的难题，也并非只能拖延，可以尝试着寻求他人帮助。有些习题自己确实解不出来，不如去问问其他同学，同学也不会的话，还可以问老师，总有办法解决，关键是你有没有去找这个办法。

　　无论在生活中还是工作中，其实，超出我们能力范围的任务不在少数，要是你遇见困难就躲开或拖延，你会发现自己在工作中或者家庭中越来越没地位，因为没有几件事情是你能做到的。

　　如果你没有放弃，而是开始了艰难的学习，没能力就会变成有能力。遇见难以解决的事情懂得求助，遇到能力不及的事情懂得学习，这样你面前的困难才会越来越少。

　　可能你的工作进行了一半，突然发现需要财会知识。一般情况下，这种情况难度并不大，只要能看懂财务报表就基本够用了，但是一般人们的第一反应可不是这样，而是沮丧和恼火。这种情绪下，人会主观地把工作的难度夸大。要是能立刻推掉这个工作，你可能毫不犹豫地就那么做了。如果你冷静一点，平复一下心情，很快就会发现，其实做起来并没有那么难，而且你会因为完成这个工作而提高了自己的能力。

　　不管是觉得"太难"，还是自己"没能力"，都只是拖延的借口。这些难题的解决办法就在你身边，你放弃或者拖延，都只是因为你没有请教对的人，没有跟上司商量解决的办法，或者你没有学习新知识的勇气。

害怕失败导致拖延

害怕失败也是引起拖延的原因之一，已经有很多研究者得出了这方面的结论。

1983年，加利福尼亚的两名心理学博士经过临床研究得出结论：对失败的恐惧会引起拖延。

1984年，佛蒙特大学的两位教授发表了一篇文章，他们指出很多学生害怕失败，导致写作、选课等事情发生拖延。

1992年，荷兰格罗宁根大学的一位退休教授也指出，一些学生没能完成学业的主要原因，是害怕失败而引发拖延。

2007年，卡尔加里大学的皮尔斯·斯蒂尔博士经过研究发现，在一定程度上拖延和害怕失败之间是有关联的。他的结论是：害怕失败会让一些人拖延、不作为，而它也会让另一些人变得积极起来，他们不会拖延，而是快速地行动起来。

随后的一些研究者，针对导致拖延的恐惧类型进行了研究。一些人是因为害怕辜负了亲人或朋友的期望，而什么也不做；一些人害怕自己表现不够出色伤害自尊而逃避做事；还有人认为自己不会成功,所以始终不敢行动。

由此可见,这类拖延和信心不足而导致的拖延非常相似,而卡尔顿大学的派切尔教授跟他的同事们在做了研究之后,证明这种拖延并非完全等同于信心不足引发的拖延。

他们的结论是,这种拖延行为在某些条件下会自动消除。如果一个人认为在某件事情上拥有完全的自主权,而且外在的条件也能由他控制,即使他的内心也存在对失败的恐惧,但他依然能够行动起来。也就是说,人们在认为自己的需求得不到满足的时候,才会拖延。如果你对某些事情并无信心,而且不知道结果怎样,你很可能会把此事搁置一旁,不予理睬。

我们可以把它理解为,这种拖延是信心不足和心理上的不满足相叠加的产物。

害怕失败的拖延非常好鉴别。如果你有以下这样的想法,那你多半是这种拖延类型。

"我根本做不好这件事,干吗还要做呢?"

"这事情完全不在我的控制范围之内,做它干吗呢?"

"还是先别做了,万一不成功,怪丢脸的!"

害怕失败而导致的拖延完全是可以克服的,斯蒂尔博士的研究足以证明这一点,他发现对失败的恐惧能引起两种完全相反的行为,一种是拖延,一种是积极行动。如果我们可以将它对人的影响转向积极的一面,也就是行动起来,不就是克服拖延了吗?

如果你想做出改变,就请相信:你可以做到。以前,在潜意识里,你一方面想着自己不行,一方面又想着自己控制不了局面且跟不上形势的变化,因此迟迟不能改变自己。你相信命运,相信天命,是因为那些不可改变的因素被你夸大了。也许你曾经有过失败,让你觉得自己能力不足,觉得面对人生无能为力,仿佛什么都不是通过努力就能得到的,因此,干脆什么也不做。

　　只要能在心理上做到两点改变,就能克服这种拖延。首先,相信自己有控制能力,面对一切变化都能尽力适应;其次,酝酿对成功的渴望。只要你知道自己需要做出改变,并且知道如何改变,那就可以开始为克服拖延而行动了。

因恐惧未知,将乐趣拖延

有一种拖延很有趣,跟逃避讨厌的事情相反,就是明明对某件事充满了向往,却迟迟不肯行动。一个梦想着去旅行的人从来不愿意走出生活的城市,一个向往运动的人从来没有参加过体育活动,一个想谈恋爱的人连一封情书都没有写过……

明明内心充满向往,为什么不做呢?因为他们恐惧事情的未知部分:不敢走出生活的地方,去体验旅行的乐趣,是害怕旅途中出现自己难以应付的局面;不敢参加运动,担心竞技体育会发生意外;不敢写情书,因为害怕遭到对方的拒绝,让自尊心受伤。照此看来,他们一方面对这些事情充满向往,而另一方面又怕事情会不受控制,所以迟迟不行动。如此拖延,完全是恐惧心理在作怪。

我们都不是先知,对于未知的事情,无法预料其结果,更不能预料每一个细节,会有担忧害怕本是人之常情。可是,我们也要知道,任何事情都具有双面性,过多地对不好的一面恐惧,只会拖住前进的脚步。虽然未知的部分未必是我们擅长的,但我们可以学习；出现意外，也可以想办法解决，办法总会多于问题。这样，我们才能体验到生活的乐趣。

家住天津和平区的一对退休夫妇一直梦想着能环游世界。年轻时，他们害怕钱不够，语言也不通，在异国他乡遇到麻烦解决不了，渐渐上了年纪，又担心身体无法负荷。就这样，这个梦想一直没能实现，可是他们也知道，时间不等人，等老病缠身，就彻底无法实现梦想了。于是，他们决定不想这么多了，先走出去再说，遇到问题再解决问题。终于，在老两口都步入60岁的时候，他们迈出了第一步，走出了国门，来了一次异国之旅。回来之后，他们回顾旅程发现，麻烦并不像想得那么多，反而是乐趣更多。此后，他们变得更加勇敢，经常出国旅行。退休后仅用了几年的时间，他们就走过了四个大洲的近20个国家。每次说起旅行，两个人就会滔滔不绝地讲起经验来。

如果这对夫妇仍然担忧和恐惧，怎么可能体验到环球旅行的乐趣呢？如果不做，怎么能知道结果呢？放弃对乐趣的追求，就等于放弃了生命中的精彩部分。想必他们旅途中也遇到了不少的问题，但是他们肯定想办法解决了，才会把旅行坚持了下来。

换句话说，要想得到，必须付出。要想获得生活中的乐趣，你必须去尝试。要是害怕摔跤，哪个孩子能学会走路呢？

电影《海上钢琴师》的主人公1900是一艘客船上的弃婴。他一生没有走下过那艘船，直到那艘船退役时，1900也没有走下甲板，最后跟那艘船一起被炸毁了。

1900并不是没有想过下船。他爱上了一名年轻的女乘客。

一直到女孩下船,他也没能表白。1900心里却一直思念着那个女孩。在朋友的劝说下,他怀着对爱情生活的憧憬决定走下那艘船,到陆地上生活。某年春天,所有的船员都出来跟他告别,他穿着朋友送给他的骆驼毛大衣,缓慢地走下船梯,可他走了一半就站住了。他茫然地看着繁华的纽约港,停了一会儿,将自己的帽子扔到了海里,转头回到了船上。他说再也不下船了。

多年以后,他对自己未能下船的原因做了解释。他说世界太广阔了,大得让他害怕,那些交错的街道没有终点,就像有无数个键的钢琴,这种望不到边的感觉,让他感到恐惧。他宁愿死掉,也不愿意茫然地面对一个没有尽头的世界。

1900的朋友为他不能下船感到惋惜。在我们的眼里,生活在陆地上远比生活在航行的轮船上要安全,学会认识街道并不那么难,熟悉一个环境也是生活中的一部分而已。可1900却因为对未知的陆地生活感到害怕,迟迟不肯下船,连自己喜欢的姑娘也放弃了。如果他走下去,尝试一下走在陆地上的感觉,去拜访一下那位心仪的姑娘,说不定很快就会适应,收获自己的爱情。

拖延乐趣的人自有他们的理由,可说服自己拖延,不如说服自己行动,不尝试就永远也没有机会体验生活的乐趣。生命如此短暂,我们应该尽情体验生命的乐趣,而不是只有向往,却不行动。要是《背包十年》的作者担心到处旅行的日子会让他生活窘迫,他就不可能享受到处旅行的快乐。

连追求乐趣都要拖拖拉拉,人生还有什么意思。想去旅行,就迈开大步走出去;想参加体育运动,就赶快去报名;遇见一见钟情的女孩子,就尽早表白……人不应因恐惧未知而拒绝行动,拒绝行动将会使你的人生毫无意义。

害怕人际关系改变，可能引发拖延

每个人都有寻求安稳的倾向：熟悉的环境，认识多年的人，已经习惯的身份和职责，等等，这会使人更有安全感。某些人在习惯了安稳之后，会害怕改变，哪怕是细小的改变，也会带给他对未知的恐慌和不安全感。当改变即将发生在这些人身上时，他们会尽量推迟改变的发生。比如某人需要搬家，但是搬家后要适应新的生活环境，这让他觉得心里不安，于是便拖着不去找房子。

有相当一部分人，都是因为害怕改变而拖延。他们预感到，某些改变会引发其他变化，也许这些变化的范围会很广，给自己已经习惯的生活造成巨大影响。例如，工作环境的改变，会带来人际关系的变化，如果一个人担心面对新的同事，建立新的人际网络，就会拖延换工作。

有些人非常害怕人际关系的改变，不是担心疏远，就是恐惧亲近，只有保持现状，他们才觉得安全。他们会给自己的交际设置一条警戒线，任何能引起人际关系变化的事情发生，他们都会表现得十分警惕和排斥。他们用拖延的方式，让自己的人际关系维持现状。

有些人害怕更为亲密的人际关系。他们可能不会邀请任何人到家里做客，不会跟其他人亲密地来往，等等，尽管他们有时候也感到孤独，但是只要一遇到跟社交相关的活动或场合，他们还是尽量不去参加，工作需要必须参加的话，也是硬着头皮去，总是直到最后一刻才出门。一般情况下，对社交的恐惧，从原因上可以分为以下几类：

第一，害怕社交浪费自己太多的时间和精力。有些人拖着不换工作，他们会说："我怕新的工作环境中要跟很多人打交道，他们可能会对我问东问西，想了解我更多，提出一起聚餐或娱乐……这会让我很疲惫。我可不想那样。"他已经熟悉和适应了工作中的这些人，能驾轻就熟地和他们打交道，这让他很舒服，他很依赖这个舒适的人际环境。

第二，害怕过于亲密的关系给自己带来伤害。被亲近的人伤害过或是见到过这种情况的人一般都会有这种心理。他们根据这些事情得出结论，认为过于亲密的关系是不安全的。为了让自己能平静地生活，他们从来不会主动去拓展交际圈，即使有约会，也尽量拖着不去。那些比较大的聚会活动，他们不会参加，避免跟一些朋友发展成亲密关系。在他们的世界里，拖延就像是一把保护伞。

第三，因为怕失去，所以不去爱。这种害怕亲密关系的人，内心十分渴望亲近，但他们不会正视内心的渴望。要是他们发展一段恋情，很快就会发现自己的感情如同开了闸的洪水一样汹涌澎湃。在他们的心目中，伴侣的形象应该是完美的。无论自己有什么缺点，都应该得到对方的包容。但是他们也清楚地认识到，让一个人完全接受另一个人是不可能的。这类人不会直面感情，只想逃避，他们拖拖拉拉地不找另一半，因为害怕对方不能完全接受自己，而自己的感情已经一发不可收拾。对他们而言，拖延是一个让自己保持平静生活的策略。

还有一些人习惯了已有的亲密人际关系，不愿去拓展新的交际圈，他们也同样在改变人际关系的问题上拖着，因为他们对目前的人际关系产生了依赖，亲密的伙伴可以给他们提供指导。有人甚至会认为，没有伙伴的情况下，自己不知道该怎么做事，因为缺少一个"行动指南"一样的人物。虽然自己拖延，但是他们有不拖延的好伙伴帮他们打扫"战场"。一些拖延者非常依赖这些能救他们于"水火"的亲密朋友，如果失去这样的朋友，他们就会担心自己陷入困境。

无论是害怕疏远，还是害怕亲近，这些人都从目前的人际关系中获得了一种心理舒适感，他们不愿意改变，任何会导致人际关系改变的事情，都会被他们拖延，比如，转学、换工作、搬家，等等。

可是拖延并不能解决人际交往方面存在的问题。人的一生需要学会处理好人际交往，而不是靠拖延来维持现有的人际交往。亲疏远近的问题可以通过其他方面的手段来解决，可人生大事却不能耽搁。发展健康的人际交往心理，才能克服这种害怕人际关系改变引起的拖延。我们要让心灵成长，战胜自己对亲密关系的恐惧，也要调适自己对朋友、亲人的依赖。

战胜"害怕失败"的方法

既然害怕失败会引发拖延,那要想克服拖延,就要对自己的恐惧心理进行调适,让自己不再害怕面对失败。我们可以从心理和行为两方面来努力。

我们要做的是先调整好心理,再开始行动。带着不同于以往的心态开始行动,比单纯强调行动的效果要更好。

在战胜对失败的恐惧方面,有三种态度非常重要。

第一种:第一次,我不要做到最好,只要能完成就可以了。

接受一份新的工作时,如果只想着把它做得尽善尽美,就会增加内心的压力。所以不要在一开始就定下一个完美的目标,免得让自己在压力下缩手缩脚。过于追求完美,意味着更多的困难,要求我们做出更多的努力,这种心态会渐渐给我们带来一种恐惧感,削弱我们的信心和干劲。显然,这是一个不利于投入行动的心理状态,因此,我们对自己刚接手的工作不要提太高要求。

第二种:办法总比困难多,没有什么能难住我。

如果对未来忧虑太多,就会导致自己裹足不前。因此完全没必要想得太多,不如乐观一点,相信"车到山前必有路"。

第三种:失败了,可经验在。

失败是一次改变自己的契机,我们可以把它看作是一次成长的机会。在这次失败的行动中,你做了哪些努力?为什么会失败?直接原因是什么?个人原因有哪些?总结出失败的教训,下次不要再犯。

长时间的努力之后,却迎来一个失败的结果,确实会让人信心受挫。因为失败而产生逃避、畏惧的心理也很正常,可是不能在这种心情中沉溺太久。看看自己走的路,也许成功已经不远了,只要再前进一小步就能实现目标。你需要重新判断一下,是不是要再给自己一次努力的机会。

做好心理调适以后,就可以开始行动了,有两点很重要,务必在行动中贯彻。

第一,说干就干,不拖拉。

用最快的速度开始行动非常有利。对于拖延者来说,最困难的是开始行动,而一旦动起来,就可以借机鼓舞自己,不要想等到万事俱备才开始。对于拖延者来说,等待天时地利就是拒绝行动的借口。重要的是抛开借口,让自己进入工作状态。一定要养成只要接到任务,就立刻开始行动的好习惯。在第一股热情还没有退去的时候,坚持把事情做完。

第二,遇到问题,就求助。

很多害怕失败的人都忘记了这条重要原则。他们只考虑了自己的力量,而忘记了向他人求助。没有谁是全能的,懂得求助,才能更好地完成任务。

最不愿意求助的是死要面子的那类人。他们眼睁睁地看着时间流逝，也不愿意找人帮忙，仿佛自己完不成这件事情，就太丢脸了。找人帮个忙，胜过自己死撑。就算请自己的下属、晚辈、孩子、学生帮忙，也不算丢脸。只要能解决自己的问题，向谁求助都不重要，关键是能让你渡过难关。

第十章

诱惑导致精力分散,造成拖延

大脑里面在打架，所以你动不起来

生活中，我们常常会跟自己做斗争，比如你计划减肥，当你看见诱人的美食，可能另一个贪吃的你就会冒出来说："吃完了再减肥也是一样的，就吃一顿有什么关系呢？"在这样的斗争中，你的决心开始动摇，甚至很可能会破坏你完美的减肥计划。而一旦有了第一次，就可能有第二次，甚至让你的计划彻底破产。

当你为自己的计划失败而沮丧的时候，你要明白，这不能完全归罪于你自己，这是人脑固有的问题。

当我们还没有利用科技手段对人脑进行研究的时候，精神分析学的鼻祖弗洛伊德将人们内心的斗争双方比作马儿和骑手，马儿代表的是欲望和冲动，而骑手则代表理性和觉悟。此后，很多研究者对此进行了阐述，但并未从科学的角度进行解释。

在科技发达的今天，大脑已经变得不那么神秘了。我们可以通过对大脑的研究，了解拖延产生过程中生物因素的作用。

在对大脑进行研究的时候，研究者对大脑进行了扫描。他们使用一种类似功能性磁共振成像的仪器，探测被测试者的大脑。被测试者接受提问以后，要做出相应的回答，研究者可以通过血流和神经的变化看出被测者大脑的哪个部分参与了活动。

试验发现，被测者回答之前，有两个大脑区域参与了活动，也就是前额叶皮层和大脑边缘系统。

首先，我们来看看前额叶皮层，它相当于一个战略中心，长远的目标都在这里形成，而且它还有执行功能，我们的计划都是在这里产生的。它让我们的目光放长远，考虑行为的后果。前额叶皮层越发达，人就越能够自律。在大脑边缘系统的参与下，我们能够做出决定，如果没有前额叶皮层的参与，我们就没有足够的耐心完成任务，也就造成了拖延。

接着，是大脑边缘系统，它形成得更早，是能够快速做出决定的系统。它主要管理当下和具体的事情。若是跟前额叶皮层比较的话，它显得更为活跃和善变。当有感官刺激的时候，比如看、听、闻或者触摸，冲动就会加强，前额叶皮层制订的计划就被抛弃，反而追求当下的感受，也就是我们平时明明知道该做什么，可就是没去做。大脑边缘系统还有一个显著的特点，就是快，因此它很少在理性之下就范。当它活跃的时候，我们就被眼下的欲望控制了。因此，当我们内心的欲望大行其道时，对自己做的事情，很难进行解释。

拖延，就是大脑边缘系统为了眼前的目标而压抑了前额叶皮层制订的计划。

原始的冲动被大脑边缘控制着，它可以使眼前的事情变得更加动人。在感官刺激之下，我们看到的、听到的、摸到或闻到的，都是诱惑。只有截止日期到来的时候，我们的大脑边缘系统才会重新重视它。

同理，前额叶皮层不发达的人，更容易向欲望低头，他们的耐心是短暂的。比如孩子，他们的前额叶皮层还没发育成熟，所以，他的行为几乎完全被大脑边缘控制着，因此孩子需要成年的监护者耐心地帮助。

每个照顾孩子的人都知道，婴儿眼中只有当下出现在他们眼前的东西，根本没有放眼未来的能力，那是因为他们的大脑还没有发育完全。

当他们长大一点点，他们的前额叶皮层也逐渐发育了，耐心也会随之有了点增长。可是，他们还不能完全依靠前额叶皮层做出成熟的决定，因此还是需要监护者来充当这一角色。一般情况下，大人对孩子提出要求后，还会反复重申，譬如，睡前不能吃糖，玩过玩具以后要收好，吃饭时不能玩耍……这些反复的说教会让孩子减少对大脑边缘系统的依赖，并让前额叶皮层逐渐发育。而如果你发现孩子在忍耐力方面有所进步，并为此感到骄傲，认为是自己教导有方时，那么你也应该知道这不仅仅是你的功劳，也是孩子前额叶皮层发育的结果。

虽然诱发拖延的因素很多，但是这些因素最终都是通过前额叶皮层和大脑边缘系统来发挥作用的，这两种大脑组织交替着主导人的行为。

你有多少时间被诱惑勾走了

如今的生活中,诱惑无处不在。信息和交通的发达,让人们接触到越来越多的新鲜刺激,很多事物都会对人产生难以抗拒的吸引力。这些事物不断吸引着人们的注意,很多人因此而无法集中精力去做真正重要的工作,结果使得工作一拖再拖。生活中经常会有这样的事情发生:篮球比赛的时间到了,某人因为热爱篮球,放下了手头的工作,去看比赛直播,等比赛结束了,再加班加点地赶工作。有相当一部分工作就是这样被拖延的。

对个人而言,诱惑的大小,与自制力有关。在自制力强的人面前,很多事情都无法诱惑他们。而自制力差的人,则很容易被许多事情诱惑。

谁也不能高估自己抵御诱惑的能力。在工作中,我们的注意力非常容易分散,当时间并不那么紧迫的时候,很小的诱惑都可能成为工作中的"绊脚石",随着时间的流逝,小的诱惑可能失效了,但是大的诱惑还可以"绑架"你。

在接到一个工作任务之后,大多数人一开始都会显得不紧不慢，因为时间并不紧迫。此时，一些小的诱惑就可以吸引你的注意力，浏览一下网页，刷新一下微博，这些都能让人停下手头的工作。随着最后期限的迫近，网页和微博一类的诱惑已经不能动摇你，你开始计划加班以便尽快完成工作任务。如果这个时候，一个你很喜欢的女孩子约你周末去踏青，你很可能会为此放弃加班的念头。也许只有到了工作截止日期，你才会抵御所有的诱惑，专心完成工作。诱惑力越大，你推迟工作的可能性就越大。直到你的紧张感完全超越了诱惑，你才有可能踏踏实实地工作。

诱惑对人的吸引，就好像磁铁一样。离诱惑很远的时候，可能感受不到它的吸引力，而越是靠近诱惑，就越容易被吸引，因此而耽误正事的情况也就越严重。

在互联网时代，很多工作都要依靠网络，网络在带给人们方便的同时，也给人们带来无限的诱惑。很多女性白领在上班的时候难以抵挡电脑屏幕上闪耀的商品广告，花了大把工作时间在网上购物。远离网络的人，可能很难体会这其中的诱惑力。

张小姐是一个喜欢上网购物的白领。她总是抵挡不住网购的诱惑，经常因为网购耽误工作。于是她想了一个办法，决定每次下单前，让另一位很少上网的同事帮她检查购物车，删掉不需要的东西。她原本希望这位同事能帮她删除所有商品，如果那样的话，她会觉得刚才挑选商品的时间都白费了，以后就可以克制自己挑选商品的欲望。结果事情超出张小姐的预料，那位原本不网购的同事，在帮过张小姐几次之后，竟然也迷恋上了网购。

张小姐一直认为这位同事是"靠得住"的，对方没有网购的瘾，可是帮助张小姐检查这些商品之后，她竟然也上瘾了。仔细分析一下，就会发现原因很简单。这位同事帮张小姐检查商品的过程中，正是在逐渐靠近诱惑，而她离得越近，被诱惑的可能性就越大。

随着科技的发展，一些娱乐性的诱惑离我们越来越近，它们的诱惑力也越来越强。人们在享受高科技娱乐上花费的时间非常多，引发的拖延也随处可见。

三十年前，想看电影，必须走进电影院，你在家待着是不会受到电影的诱惑的。而现在，你在手机、电脑里随时可以打开一部电影。网络时代，人们不用在电视机前苦等某个每天只播放两集的电视剧，只要你下载了，就可以窝在家里，用一整天看一整部剧。三十年前，我们几乎不知道电子游戏是什么，而现在玩游戏成瘾的人比比皆是。

光纤和卫星技术让电视的频道变得更加丰富。看电视一般都在家里，它不会导致工作上的拖延，然而它会导致社交和运动的拖延。因为看电视，人们很可能减少了家庭或朋友的聚会，更有可能让自己变成了一只"懒虫"，减少了户外活动。

一些社交网站也逐渐侵蚀了我们的时间。美国的Facebook已经被认为是拖延的罪魁祸首。在中国，微博一度占据了白领们的大量上班时间，而现在各种社交媒体层出不穷，每一个都可能侵占你做正事的时间。

人们面对的诱惑越来越多，各种各样的诱惑接踵而至。如果单单考虑一件事情的诱惑，可能觉得问题并不严重，跟拖延似乎没有直接关系，但是如果把所有诱惑累加起来，就会发现，事实已经超乎想象。所以，面对诱惑，我们必须适时抵抗。

只顾眼前享受，让我们拖延

拖延是人脑内部斗争的结果。前额叶皮层主管长远目标，大脑边缘系统主管眼前的事情。当人所面对的眼前的诱惑和长远的目标产生冲突的时候，前额叶皮层和大脑边缘系统就会在人的大脑中进行一番争斗。若是前额叶皮层获胜，人就会做出利于长远目标的选择，若是边缘系统获胜，则人会倾向于做眼前想做的事情。通常情况下，眼前的诱惑会引发人们强烈的冲动，冲动则让人失去控制。很多人会在冲动控制下屈服于眼前的诱惑，而这种屈服就造成了目标的拖延。

在工作中，我们经常会遇到这样的情况。比如，一个人打算加班，他的同事此时却叫他去喝酒。加班完成任务是一个相对长远的目标，喝酒则是眼前的诱惑。此时这个人内心必定会产生斗争，也许他会抛下工作，跑去跟同事喝酒。不要把这看成是简单的选择问题，这正是造成一个人工作拖延的根本原因。

而在生活中，这样的情况更是比比皆是。

如果你家的楼下开了两个餐馆，一个主打健康营养，而另一个是美味诱惑。你考虑去哪家吃的时候，前额叶皮层肯定会倾向于第一家，因为你有长远的健康需求。而大脑边缘层则会倾向于第二家，因为这家的食物能给唇齿之间带来更好的享受。相信有相当一部分人会选择美味诱惑，因为很多人都无法抵挡现时享受。那些健康的饮食计划，只能搁置一旁了。

很多广告都有这个作用，它们渲染消费和享受，让人欲罢不能。研究市场的人最能懂得其中的道理。商家为了制造诱惑可谓是机关算尽，怎样才能让食物更美味诱人，怎样的包装才更好看，摆放在商场的哪个位置才更容易销售，广告投放在哪个媒体的哪个时间段才更有效……

如果商品在你一伸手就能够到的位置，你就更容易做出消费的行为。商家挖空心思让人们更频繁地沉浸于当下的享受。一旦你养成了把眼前的享受放在第一位，前额叶皮层就彻底靠边站了。

有些人越来越沉溺于电子产品，这种沉溺导致了很严重的拖延。想一想，你有没有因为玩手机而耽搁工作？几乎每个人都随身带着手机，一旦手机不在身边或者是没电了，就会造成恐慌。即使你的手机没有响，你也会时不时地翻看手机。

商品社会中，那些利益至上的企业正在调动资源，操控人们无知、非理性的一面，让人们只顾享受当下，放弃长远目标。在电子产品铺天盖地的时候，一些有识之士已经开始告诫人们不要沉迷于那些电子产品。

你个人有多少娱乐性的电子设备放在手边？一个普通的家庭又会面临多少诱惑？

很多人就这样被眼前的享受俘虏，最后搁置工作、学习，造成拖延。

在未来，我们还将面临更大、更多的诱惑，并可能引发更为严重的拖延。为此，我们需要有效的抵御措施。

我们该怎样抵挡诱惑

对于拖延者来说，诱惑是他们最大的外在敌人。要想有效克服拖延，就要不断地抵挡外界的诱惑。

我们知道，诱惑越近，就越难克制自己，并且我们也知道应该远离那些诱惑，才更利于长远目标的实现，可我们还是没有成功抵制诱惑，不是办法不够多、不够好，而是我们还需要更自觉，时时刻刻严阵以待，抵御诱惑的侵蚀。

有时候，我们明明将诱惑隔离了，可还是无济于事。无论你们相隔多远，只要你没有被监禁，你就有可能去找它。

每个人都有长期打算，减肥、戒酒、锻炼、进修、旅行、存钱，等等，可是有几件坚持到实现了？你想减肥，于是把家里的甜食和高热量食物都"消灭"光了，之后你对自己说：再也不往家里买这些东西，只要看不见，就可以不被它们诱惑！可事实上，仅仅隔了一天，你在下班回来的路上，就买了松脆的甜点带回家。这就跟有的人为了戒烟，自己不带烟，可是看见别人抽烟就去买一样。别高估了自己抵御诱惑的能力，我们常常犯这个错误。在我们追求目标的路上，总是会跳出一个个诱惑，让我们把目标一拖再拖，最后目标全都变成了泡影。

当下的"刺激"，会引诱我们远离预定的行动轨迹。

自我隔离诱惑的方法如果不管用，我们可以考虑依靠他人的力量，让自己远离诱惑。

《孙子兵法》说："投之无所往，死且不北。死焉不得，士人尽力。"将自己放在没有退路的位置上，逼自己沿着长远目标走下去。

很多人会用这个战术抵制诱惑，战胜拖延的问题。节食的人会说："我不吃甜食，请你们谁也不要给我糕点、糖果一类的东西。"戒烟的人说："我在戒烟了，谁也别给我递烟，看见我有香烟，就拿走它！"

为了尽快实现目标，我们有时候会想把所有的诱惑都"掐死"。

法国大作家维克多·雨果为了写作，也曾与诱惑做过持久的抗争。雨果的很多时间是被社交占去的，为了赶写一本书，他想尽办法约束自己，不让自己出门。

一天，他想了一个非常巧妙的办法。他把自己的头发和胡须都剃掉了一半，只要家里来了客人，他就用自己的滑稽相来拒绝所有的邀请，等他的头发和胡子都重新长出来，他的作品也完成了。

还有一次，为了减少外出，专心写作，他把所有的衣服脱下来，交给仆人，并告诉仆人说："等时间到了，再把衣服给我送回来。"

看来仅仅依靠自己的力量抵御诱惑还不够，一定要想出其他一些办法，利用现实或向他人借点力都是很好的办法。

你最大的敌人是自己的欲望，就算你能抵御一部分诱惑，也不代表你什么都能抵御。有时候朋友也没能帮你抵制诱惑，那你想过利用一下你的敌人吗？其实在这方面敌人真是个不错的"督察"呢！

1909年，一个叫卡莱尔的信托公司对客户开放了一项储蓄服务。这是专门为圣诞储蓄而定制的储蓄方式。存款的利息并不高，不过不到圣诞节就支取的话，将要向银行支付罚款。只要把钱坚持存到圣诞节，那么客户就可以正常取走自己的钱。很多人选择这种利息很低的存款方式，因为潜在的罚款能让他们克制消费欲望，不会早早地把钱花光。

这种对策是利用一种外力强制的方式发生作用的。一些减肥的人也是用这种惩罚的手段让自己瘦下来，如果晚上吃了一个冰激凌，就要做上一百个俯卧撑。

还有一种避免赖床的"捐款闹钟"，只要你点了小睡，这个闹钟就会替你向慈善机构捐出一笔钱，可能是一块也可能是十块。

事实上，无论是远离诱惑，还是依靠外界的力量，都不能彻底地将诱惑消除。只要你对自己要求还不够严格，你就是吃了冰激凌也不会做那一百个俯卧撑。不管什么方法，只要对你不适用，就要另择出路。为了对抗拖延，你需要像个斗士一样，不断寻找使你能对抗诱惑的方法。

第十一章

想要提升自己，拖延也是大敌

正确对待难题,避免半途而废

很多拖延者在刚开始学习的时候热情高涨,而遇到困难就放弃了。学习本身已经够枯燥和无聊的了,遇到难题更容易让人想到放弃,毕竟困难会使人的信心受到冲击。

学习中的难题是不可避免的,一个不理解的英文句子、不懂的语法、不懂的公式,都有可能阻碍我们。但是千万不能让这些难题成为我们放弃学习的原因。

要保持学习的状态,必须学会解决难题,避免知难而退,中途放弃。

学习中遇到不会的题目,会让人不得不停下来思考,如果解决不了,就会让人气馁。因此,遇到难题时,一定要将自己的心态调整好,不要被不良情绪控制,这样才能有精力对付难题。

放平心态以后,就可以寻找解决的办法了。这里有几点建议,可供参考:

1. 不会做题,是自己之前学习不够扎实呢,还是概念或者公式不够理解呢?做题是检查自己学习成果的方法之一,遇到解决不了的题，首先要回顾之前学习过的内容，如果发现有不扎实的地方，就要复习。回头再看难题，有时候问题就迎刃而解了。

2. 自己解决不了，可以看看周围有没有可以求助的人。我们需要强调一下，求助并不可耻，每个人都有可能是我们的老师。身边的朋友、同事、以前的同学等，都可能对我们有所帮助。打个电话，也许问题就解决了。

3. 周围没有人能帮助自己，还可以求助网络。网络是个很好的交流平台，网络上信息量大，而且很多人会在各种网站帮人解答问题。我们可以利用网络的便利条件，帮助我们解答难题。但是千万注意不要走极端，见到难题就上网找答案。信息发达的时代，给我们带来了很多便利，也让我们变得懒惰，因此要掌握好分寸。

4. 借助工具书。如果是自学，工具书是少不了的。很多人觉得翻找工具书太麻烦，但是工具书比网络上的知识要可靠。学习外语的同学，遇到一个不认识的单词，整个句子都无法理解，此时只要翻翻英语词典，问题就解决了。

对于无论如何也不能立刻解决的问题，可以考虑暂时搁置。我们的目的是学习，如果因为一个暂时不能解决的问题就延迟甚至放弃学习计划，就因小失大了。承认自己暂时不能解决这个问题，等深入学习之后再回过头来寻找解题方法，或者找机会请教他人。

学习是件需要持之以恒的事情，不能因为遇到问题就放弃，正确地对待学习中的难题，有助于保持学习的热情，避免产生拖延。

克服考试、面试拖延

不管是学生还是上班族,都免不了要面对考试。大到高考,小到一次次面试,每次考试都可能关系到自己的命运。拖延者在面对考试的问题上,不是拖着不复习,最后"裸考",就是干脆能躲就躲,不参加考试。还有一种拖延,就是不能在考场上认真答题,应付了事,我们干脆叫它"考场拖延"好了。

考试不会突然自行消失,我们能做的是认清自己在哪方面拖延,并找出克服或者应对的方法。你需要问自己几个问题,好确定自己的问题出在了哪里。

考试前复习了吗?距离考试多久开始复习的?

考试迟到了吗?是因为不想考试,根本没有重视考试时间吗?

你在考场上,是认真作答的吗?有多少题目没有认真对待?

你在面试前,做了相应的准备吗?

这种拖延分为以下几种情况:

1. 明明知道要考试了,就是不肯看书。那些考试前拖着不复习的人，大致有两类。一类是对考试不重视，他们觉得考试没什么大不了，考不过又能怎么样。从根本上来讲，这是因为没有端正自己学习的态度，对学习的重要性没有清晰的认识。在他们看来，学习是被迫的，如果可以，他们很乐意不参加考试。还有一类是对考试过于重视，考试给了这类人很大的压力，导致他们过分焦虑，无法集中精力学习，复习也因此而拖延。

2. 临考试才发现什么都不会，干脆不考了。一些人没有参加考试，他们会说"起晚了""堵车了""我在出差"等，这不过是借口，这些人中大多数并没有为考试做充分准备。另一些没有参加考试的人则说"我根本考不过，还是不考了""我完全没有复习，还是下次吧"，这些更为直接的话里，能反映出事情的真相：我知道自己没有好好准备，肯定考不好。那么没复习就是因为拖延症了。

3. 考场拖延。在考场上发生拖延，是非常难受的事。可能仅仅因为一开始的听力没有发挥好，就乱了阵脚；可能是遇到了一道怎么也想不起来答案的熟悉的题目，引起了焦虑；可能是对作文的题目没有把握；还可能是考试前发生了一点小意外……在考试中，我们没法集中精力做题，而是紧张异常，心想："完了，完了，这次考砸了。"这种情况下，心情焦虑又无计可施，只能看着时间一点点溜走。

针对考场拖延，主要应该做好心理调适，让自己冷静下来。你需要带一块手表，如果时间来得及，最好让自己的大脑放空片刻，闭上眼睛片刻，10秒或者20秒都可以，将前面影响情绪的事情暂时搁置一旁，整理好心情，继续答题。焦急下去，只会影响发挥，而不会起到任何作用。

4. 面试拖延。上班族如果打算换工作，就要提前准备。毫无准备的面试，一般来说不会带来好结果。一些拖延者，以为只要自己想换工作就会得到好机会，于是对面试环节不重视、不准备。还有一些拖延者，明明知道自己不准备的话就很难通过面试，可还是拖着不做那些该做的事情。很多大公司的招聘环节分为笔试和面试两部分，一些重要职位还需要再面试。如果没有准备，笔试和面试都会吃亏，可能连自己能力的一半也发挥不出来。

如果打算跳槽，就需要对自己的专业知识做一次回顾，面试的礼仪也要重新熟悉。自我介绍、对行业的认知等，都要做一次系统的总结。这样说起话来，会更有条理，千万不要以为临场发挥才能显示出自己的优秀，任何有能力的人，都离不开准备的过程。

那些毫不费力通过考试的人，往往在背后经过了加倍的努力，不要迷信临场发挥，别拖着不去准备了，打有准备的仗，才更有把握。

克服写作论文的拖延症

拖延一旦成为习惯,我们的工作、学习、生活就会麻烦不断,让人烦恼不已。可是拖延的成因和类型是多种多样的,很难一下就击中要害,对症下药。不过,要是找出拖延项,避免在大事上拖延,克服拖延就会简单得多。在学习方面的拖延,有一种情况很普遍,那就是写作论文拖延。

在写作论文上拖延的人非常多,不仅是学生,有些教授也会拖延。

一些在论文上拖延的学生,会对自己的导师或教授撒谎,比如"打印机坏了,我需要延期""正在生病,过几天交"。他们这样说的时候,丝毫也不会有愧疚感,如果得到了延期许可,他们还会沾沾自喜。可越是延期,就越是拖延,然而毕业是不能延期的,如果因为一篇论文导致没有毕业,那可糟透了。还是不要再编织谎言了,不如将心思用在写论文上。

大多数即将毕业的大学生在论文上拖延,主要是因为出现了写作障碍。论文是一种很严谨、逻辑性很强的文体,需要运用海量的信息、缜密的思考才能完成，是一项非常有难度的工作，难怪很多人会对写论文产生心理障碍。

对写作论文出现的障碍，我们针对不同的情况，总结了一些有效的方法：

写作障碍一：对自己的选题突然失去兴趣。

我们的建议：在论文提纲中找一找，看看是不是有哪一部分能让自己提起兴趣。如果能对其中的一部分内容感兴趣，先集中精力完成它也不错。如果整个大纲中没有任何一部分能让你感觉到有趣，全都枯燥无聊，不如跟自己的论文导师申请一下，看看是否能用一种更为个性的表述方式，完成你的论文。

写作障碍二：只要拿起论文，就感到心情烦躁，没法坚持。

我们的建议：把写论文分解成若干细小的任务，不要想着整篇论文，只想着完成那些细小的任务，这样一点一点地攻克。不要因为自己写的细节不够完美而沮丧，反复告诉自己："坚持下去，就能完成。"

写作障碍三：不愿意查阅资料，只想独立完成。

我们的建议：积累资料是写论文必不可少的一个步骤。论文是一种学术创作，更需要对自己的选题有充分的了解，这种了解只能依靠广泛地搜集资料去获得。面对海量的资料，感觉到无从下手？不妨拆解成几个小步骤，先最大限度地收集相关资料，然后把大量资料分成几份，进行归纳整理。这是一个熟悉资料的过程，这个过程只要用心去做，肯定会让你对自己的选题有个全新的认识，甚至激发灵感，生发出新的观点或是发现新的成果。

写作障碍四：只能感觉到完成论文的压力，没有写作的动力。

我们的建议：你只要放松就可以了。只着眼于目标的尽头，会让人感觉到任重道远，不如先不要想那么多：列提纲的时候，只考虑列提纲的事情；写初稿的时候，只想着完成初稿；指导老师让你进行修改的时候，只管根据老师的建议修改就可以了。不要给自己太大压力。

写作障碍五：不自信，总是感觉自己写得不够好，写了删，删了写。

我们的建议：论文不是一下就能写好的，要是我们都能一下就写好，为什么学校还要安排论文辅导老师呢？写草稿的时候能达到草稿的水平，就可以了。集中精力把自己要写的东西，用清晰的语言表达出来才是关键。如果实在不自信，可以到同学或家人那里寻求一些鼓励。自己对第一遍不满意，那是因为，它只是第一遍而已，论文都需要多次修改才能最终完成。

如果你在论文写作过程中遇到了障碍，应该积极地寻求解决办法，拖着不写，论文也不会自动完成。

制订切实可行的学习计划，克服自学拖延

走上工作岗位以后，自我提升的压力依然很大，仍需要我们不断地学习。没有了学校作息时间的约束，又要兼顾工作和生活，想要继续学习，难度非常大。很多人想考一个职称，可是年年考，却年年考不过，多半无法坚持学习，总有些事让他们放下了书本。每年的职称考试，都会有相当一部分人缺考，其中大多数人是因为知道自己并没有好好看书，干脆放弃了考试。

上班族的学习没有人监督，需要非常强的自觉性。如果自己控制不好，稍不留神，注意力就被与学习无关的事情勾走了。有人为了坚持学习，给自己订下学习计划，可是计划对有些人有效，而对有些人却没有任何作用。

岑晓因为工作需要，准备考一个会计资格证。她非常认真地做了学习计划，把周六、周日都定为学习时间，从早晨8点到中午12点，下午2点到晚上6点都排满了学习任务。周六到了，她早晨

本该7点起床,才能保证自己8点钟坐在书桌前学习,可是她却一直睡到8点半,9点半才开始坐在书桌前。刚看了一页书,就觉得应该打开电脑查查资料。电脑一打开,她就不由自主地开始玩平时喜欢玩的游戏。一个周末过去了,她80%的学习计划没有完成,学习计划就这么被拖延了。

像岑晓这样不能按时完成计划的拖延者非常常见。计划对他们而言并没有起到应有的作用。他们在做计划的时候,并没有考虑到自身的因素。周末本来是放松的时间,突然全部被安排成学习时间,自己能接受得了吗?自己的注意力,真的能从8点坚持到12点吗?自己真的能在7点钟准时起床吗?因为忽略了这些问题,她的计划成了一张废纸,完全没有意义。

要想让计划有效,就必须列出一张具有实际意义的计划表。

1. 时间安排要科学。每个人都有一个最佳的学习时间,有人清晨记忆力好,但是早饭后会打瞌睡;有人起得太早,就容易犯糊涂,不能集中精力;有人注意力只能集中半个小时;有人专注力非常高,可以整天都看书。每个人的情况不同,符合自己的实际情况就是科学的安排。比如,岑晓在早上7点起不来,可以把学习时间定在9点开始,而不是8点。那些注意力不能集中太久的人,不适合给自己安排一整天的学习,应该计划出休息的时间。

2. 计划学习的内容不能超过负荷。如果自己一个小时只能看10页内容,不要把计划定在20页。当我们开始准备做计划的时候,最好对自己所学的东西有一个了解,以免犯"一口吃个胖子"的错误。

3. 充分利用碎片化时间。学习是个循序渐进的过程。岑晓还犯了一个错误,她不该只把学习定在周六周日。虽然这两天能让我们拥有更完整的学习时间，但是周一到周五却没做任何与学习相关的事情。即使有效利用了这两天，也会因为两个周末之间相隔太久，而淡忘了学过的知识。看看自己周一到周五还有哪两天可以看书，如果能抽出两天，每天学习两个小时，会比单纯地利用周末要好得多。很多上班族喜欢在地铁上看看书，这样就充分利用了上下班乘车的一两个小时，非常好。

4．时间和学习内容必须对应起来。单纯地计划每天几点到几点看书，几点到几点做题，对我们的约束作用并不明显。而单纯地制订内容，没有时间，同样会让计划成为一纸空言。一般而言，不管多么细致的计划，不给时间限制，都会被无限期推迟。这就失去了计划的意义。因此，你可以说"我今天必须把这3页看完"或者说"我睡觉前，再看3页"，绝不可以说"我要看3页书"或者"我睡觉前看书"。这种只有时间或只有内容的计划不够明确，会让我们不知不觉地拖延，不是今天没看，就是只看了1页。

5．只要有进步，就要为自己高兴。一旦计划失效，学习上的拖延者就会感到焦虑，甚至想放弃。其实不一定完成学习计划才值得高兴，只要比昨天强，就该感到高兴。如果计划看10页书，结果只看了2页，完全不必因为少看了8页而懊恼，2页跟昨天1页都没看比起来不是强多了吗？这就是进步。我们应该为看了2页而高兴，而不应该为了没有完成10页感到焦虑。如果下次还是没看到10页，就算看了3页也是进步。

作为一个上班族，要想利用工作之余充实自己，不做学习上的拖延者，就需要一份切合实际的计划，这样才能约束自己，完成自己的学习目标。

给有上进心的拖延者的几点建议

上进心和拖延听起来似乎是矛盾的,但现实是,很多很有上进心的人仍有拖延的毛病。大多数有拖延毛病的人,不是只克服一个问题就可以了,而是在很多方面都需要改进。比如在时间管理方面、学习和生活的协调方面、学习习惯方面可能都存在一些问题,需要从小处着眼进行调整。

复杂的拖延必须"综合治理",你可以使用一些小方法,使情况发生一些改变。

时间管理方面的小方法:

1. 用等待的时间学习。在你出门办事排队等候的时候,就可以充分利用这段时间来学习。手机具有存储功能,用手机存些单词来背或者戴着耳机听听英语录音,都是很好的办法。

2. 找出自己一天中记忆力最好的时间段。这个时间段因人而异,你总会找到一个固定的时间段来的,充分利用它,每天坚持在这个时间学习,千万不要中断。

3. 为重要的事情多留一些时间。力气不能平均使,花在重点科目和较难科目上的时间必然会多一些,而且还要为突发情况预留一些时间。如果在你打印论文的过程中,打印机突然出现故障,修理好它让你不得不等上半个小时,那么你预留的时间还够吗?如果墨盒里没有油墨了呢?所以,我们不能掉以轻心,尽量不要把事情拖到截止日期的前一晚做,多给自己一些时间,可以让事情变得更稳妥。

4.灵活地管理自己的时间。在我们做事的时候,可能会被突发事件打断。如果遇到突发情况,就要改变自己原有的时间计划。因此,我们要为自己留些空余的、可自由安排的时间,这样就可以在遇到突发情况的时候,将这些自由时间用来学习。

管理学习任务的小方法:

1.别小看了没有做过的学习任务。如果老师安排了一个实验,而你对实验步骤很陌生,千万要谦虚,不要低估自己犯错误的概率,否则稍有不顺,你就会气馁,从而延长完成任务的时间,让自己的时间不够用。时间越短,纠正错误的可能性就越低,多给自己留些时间,可以减轻压力,也可以多些时间纠正错误。

2.面对新的任务,要提前做好准备。如果下周是你跟导师见面的日子,就要将自己遇到的问题提前准备好,这样老师才能给你更具体的指导。

3.把最难的事情放在精力最好的时候做。难的事情越早解决越好,但不能强求,可以趁着精力旺盛的时候把它解决掉,省得让它悬在头顶压迫自己。

协调生活和学习的小方法:

1.选择一个固定的学习环境,最好不要选家里或者宿舍。经常在一个地方学习,会让人产生一种稳固的思维模式,只要到了这里，就会进入学习的状态。如果选择家里或者宿舍，那么就会让人联想到休息以致消磨时光。

2. 找个一起进步的伙伴。如果你周围有人一直在努力提升自己，能营造出良好的学习气氛，这会带给你好的影响。即使你有一些懈怠，也不会轻易就放弃学习。

3. 为处理生活上的事情留出必要的时间。学习和生活要合理安排，不能急于学习，而忽略了生活，生活上安排不好，是没法安心学习的。还要给自己留些娱乐时间，适当的放松可以缓解压力，如果长时间枯燥地学习，有可能引发焦虑等不良情绪。

4. 为了执行自己的学习计划，对不必要的事情说不。为了完成学习目标，不能轻易打乱计划，如果你计划好了学习，就要坚持，当有人突然邀请你参与不必要的事情时，不能因为碍于情面就勉强答应。没有原则，计划就是无效的。

要进步，当然只能靠自己努力。不努力的话，能力得不到提升，该会的还是不会。现在，几乎每个人都要在学校里度过长达十多年的学习生活，而工作以后也还有可能面对学习任务，因此学业拖延者们非常有必要掌握一些约束自己学习的方法。这样，即使你不了解自己的拖延成因，也可以为自己的学业做点什么。

第十二章

心理享受程度高，做事就会积极

厌烦，会引发拖延

每个人都有不喜欢做的事，如果你讨厌写论文，你很可能一拖再拖，拖到非交不可的时候，才勉强写了一篇自己都不知道在说什么的论文。在自己讨厌的事情上，人们都很难积极起来，你宁可做做家务，也不愿意碰那篇论文。

人在心理享受程度高的时候，做事会比较积极，而心理享受感低时，就怎么也行动不起来。你很久才打扫一次家里的卫生，那是因为太讨厌做家务了。喜欢的事情和讨厌的事情同时摆在眼前，谁都选喜欢的先做。

一般情况下，没有人会追着讨厌的事情去做。所有人面对令人厌烦的事情都会一拖再拖，因此很多人会在大扫除、看医生、锻炼等事情上拖延。有很多人办了健身卡而没有坚持去健身；很多人不喜欢去医院，牙疼了很久，也不肯就医，直到忍无可忍，才去看牙医。

人们讨厌的事情不尽相同。有人讨厌洗衣服，有人讨厌做饭，有的人家总是在厨房堆放很多没洗的碗筷，而有的人家冰箱里总是缺少食品。

要想判断自己是不是因厌烦情绪而拖延，只要回忆一下自己平时是怎么抱怨这些事情的就行了。你在自己抱怨最多的事情上拖延了吗？

人们在愉快和有兴趣的事情上往往十分热衷，可以拿出十足的劲头，在一些不能带来愉悦感的生活琐事上，则一拖再拖。很多有慢性拖延症的人对工作和生活中零零碎碎的事情简直厌烦透了，他们总是抱怨说："这些事情真是烦死人，我不想做。"要是非做不可的话，他们会选择速战速决，草草了事。

对于要做的任务，如果你在心底的感觉是"这事真让人讨厌"，那么绝对不会有热情去完成任务，发生拖延的情况就在所难免了。

小刘早在一个月前就该写毕业论文了，可她迟迟没有动手。只要有人跟她说起写论文，她就感到厌烦透了。最后期限将至，经过一周的心理斗争之后，她才带着极不情愿的心情坐在了电脑前，准备利用一天的时间写写论文。可她坐在电脑前，脑子里却一片空白。这可怎么办才好呢？明天就要交论文了啊！她刚敲了一行字，这时候，她的一个朋友开始通过网络跟她聊天，他们互相交换了一些有趣的网页链接，小刘就开始浏览那些网页。直到午饭时间，小刘才如梦初醒："我不是要写论文吗？怎么就打了一行字呢？"再看看那行字，哦，真是太糟糕了，还不如不写。

午饭后，小刘带着困意又坐到了电脑前，"唉，这样下去是写不完了，还是想想别的办法，凑一篇吧！"接着，她在网上开始搜索相关命题的论文，很快就拼凑了一篇。"太好了，明天可以交作业了！"

小刘讨厌写论文，她根本没心思写，她觉得这是一项没有任何趣味可言的事情，虽然早就该动手，可她一直拖到最后期限的前一天，即使坐在了电脑前，也没法集中精力，而是左顾右盼地用其他事情打发时间。当她重新阅读了自己写下的一行字，又觉得写得太差了，还不如在网上复制和粘贴更好，最终她还是没有写，而是拼凑了一篇。

　　人们知道在不喜欢的事情上自己很难投入精力，因此会在选择方面下功夫，比如，在选择专业和职业方面，每个人都更倾向于选自己喜欢的。如若不然，学业和职业不仅仅是痛苦的源泉，而且会因为缺乏积极性，影响了个人发展。

　　要避免这种拖延，除了慎重选择之外，还要注重培养兴趣，唯有如此，才能让大脑不会总是发出"无聊"的信号，让你总是在这些事情上拖下去。

　　如果你讨厌做家务，那就想想窗明几净的家多温馨啊；如果你讨厌写论文，那么就想想论文代表的是你个人的研究成果，这是件多么有成就感的事情啊；要是你讨厌锻炼，那就看看那些练就一身好身材的人多么受人青睐。总之，你得找到行动的动力。

激情，会消灭拖延

为了克服工作中的拖延，我们必须做到全力以赴。工作不是买彩票，并不存在太多的随机性。一般而言，收获总是跟投入成正比，投入越大，收获才有可能越大。为了克服拖延，我们必须全力付出，提高工作的激情。

在你打算全力投入到工作上的时候，必须先在心理上做好调整。即便知道自己是个拖延者，也不能过于强调这一点，否则，可能会干到一半就突然想要放弃，这当然会影响做事的决心。我们需要做好心理调适，再克服工作拖延。

如果你明明知道自己就是一个不能按时完成工作的拖延者，对工作非常反感，总是寄希望于最后一刻的压力，那么你最好把这些想法都抛弃掉，在压力下你不但不能表现更好，还有可能因为时间太短而完不成任务。又或者，你是个完美主义者，你不想做事，是因为自己害怕面对失败，此时你应该抛弃掉这些让你拖延的心态。

为此我们需要进行几个方面的心理调适，才能树立全新的观念,帮助自己调动起工作的激情,全身心地投入到工作之中。

1. 建立工作自信。你对自己工作的自信有多少?如果信心过低,当然不利于完成任务。只有看到自己的长处和能力,才会对完成工作有信心。如果你的信心过低,就需要找出自己出色完成的那些工作任务,来提高自己的自信程度。

2. 重视提高专注力的重要性。如果你在工作的时候,思绪总是游离在工作之外,当然会感到力不从心。另外,如果你总是把注意力集中在可能导致失败的问题上,就会过于担忧,而无法集中精力工作。因此,必须学会集中注意力完成工作,而不是左思右想。

3. 发现自己的优势。知道自己在哪方面有优势,才能知道自己更善于完成哪类任务。当你发现自己善于做报表的时候,你会更乐于每月及时完成报表而不是拖延。

做完这些调整以后,重新审视自己的工作,就会发现工作其实并不难也并不讨厌,我们是可以全力以赴地投入到工作中的。另外,不要迷信"星期二"。很多人非常迷信周一或周二表现最佳,因为很多报纸上是这样宣传的。当然我们不能完全否定这种说法,它也许适用于某些人,却未必适用于所有人。而且,如果一个人过于迷信这种说法,反而会导致在其他时间不作为。事实上你无法预知自己在星期二会发生什么事情,更不知道星期二会有什么意想不到的工作任务出现。我们必须在每个工作日都全力以赴、尽心竭力地工作,才能克服拖延。

一个拖延者,如果能在工作中全力以赴,就能克服绝大部分工作拖延。如果你一开始做不到全力以赴,也不要紧,只要你按照这个要求去做就可以了。能够集中80%的精力去完成工作任务,就已经非常了不起了。但是你不能降低要求,只想着付出80%,那样,你可能连60%都做不到。

将枯燥的工作兴趣化

让人讨厌的、枯燥的工作更容易引发拖延。而多数工作为了避免意外和不确定因素,正在逐渐固定化、标准化,这就意味着工作越来越枯燥了。

最开始这场工作流程固定化的革命发生在工厂里,而现在它正在向各个行业蔓延。我们需要克服这种枯燥,才能避免拖延。

人们讨厌无聊的、机械的劳动,比讨厌重体力劳动还要严重。一些看似有趣或刺激的工作,日子久了也会变得机械,而让人生厌。我们都认为游泳俱乐部救生员的工作是惊险刺激的,可是从事这个职业的人会说:"我的工作就是一天天地盯着固定的一小片水域,永无休止!"

枯燥的工作,似乎让我们成了机器人,除了机械地重复相同的动作之外,我们似乎没有其他任何用途。电影《摩登时代》诙谐地反映工厂里机械的工作,而当我们身临其境,却并不会从劳动中找到那种诙谐和幽默。一个曾在富士康工作过的人说:"压抑!我感觉我已经不再是一个人,而是纯粹的机器,我一边工作一边想着'我要停下来'。"

讨厌机械重复是人的天性，当我们必须面对这种"机械重复"的时候，就会发生拖延。很多小学生在写作业的问题上拖延，是因为他们的作业是重复地写生字，他们讨厌这样的机械重复，在写作业的过程中，非常容易分心。家人的谈话，电视节目，一个画本，都能让他们放下写作业的笔。我们在工作中也是一样，日常报表和周总结总是一拖再拖。

我们需要从源头上截断工作拖延的洪流，让工作不再那么枯燥无聊。如果认为工作有趣，也就是说你对工作的感觉如果能来个180度的转弯，是最好不过的。一些公司为了提高工作的趣味性，会展开小竞赛，每个月或者每周一次。这样枯燥的工作就变得充满了竞争性，而且每周都可以换个主题，这周比效率，下周比质量，再下周比出勤率、投诉率、退货率，等等。这样，沉闷的工作就多一丝趣味，可以冲淡工作中的枯燥感，让人们面对工作时不容易产生倦怠情绪，从而更积极地去完成工作。如果公司不组织这类活动，我们可以自己在工作中找些趣味性的东西，从而提高积极性。

当我们走上一个新的工作岗位时，并不会觉得太无聊，除了环境因素以外，还因为新工作会有些新鲜的改变，兴奋和紧张极大地调动了我们的工作热情。随着你进入状态，无聊感很快就袭来了。由此，我们就找到了一个窍门：适当改换工作内容，这样会让工作变得有趣一些。

工作内容和我们的能力有一个合适的比例，它能提高我们的兴趣。当我们的能力远远超过工作难度时，就会感到很无聊，因此我们把工作难度提高一点点，就可以将工作兴趣保持住。可以自己设计一些小标准或者目标，一次次地突破它。这有点像田径比赛项目，一些项目看上去非常枯燥，比如马拉松，但是这个项目因为要挑战极限，就能引起运动员的极大兴趣。我们可以自行设计一些有难度的工作目标，降低枯燥感。

把工作和自己的私事联系起来，也能帮助我们提高兴趣并积极行动。如果你对一项任务感兴趣，可能是因为它跟你个人有联系。比如公司派你出差，而你的女朋友正好在要出差的那个城市，你可以在出差的空当和女朋友约会，此时你是不是会充满激情，积极地接受这项任务，而且不会发生任何拖延？

制订带有激励色彩的目标，特别是最终目标对自己有巨大吸引力的时候，我们就能调动积极性。不过在这中间最好不要发生变动，因为一旦有变动，目标对你的吸引力就有可能丧失，让你又回到拖延的原点。

把现在要做的事和自我利益联系起来，能提高我们的工作兴趣。和我们自身利益紧密相关的任务，其枯燥感也会相应减少，拖延也可以得到一些遏制。

人类不是没有思维的机器人，我们有权利讨厌机械的劳动，但是没有权利始终拖延，我们有足够的能力和创意让工作变得生动起来，也有能力克服工作中拖延的毛病。

找一份自己喜欢的工作

对工作的抵抗或厌烦情绪，很容易让人把工作拖延下去。这个世界上并不存在十全十美的工作，无论你多么向往一份工作，一旦置身其中，你就会渐渐发现它的不尽如人意之处，拖延的情况便开始出现。我们必须想办法改变这种状况，不再因为讨厌自己的工作而拖延。

如果你从事的工作是自己非常喜欢的，就会努力为之付出，就不会再因为厌烦而发生拖延。

一些喜欢大型网络游戏的年轻人，利用网络游戏赚钱。他们甚至可以每天工作长达18个小时，他们把从游戏中得来的装备、虚拟金币，甚至是账户拿来出售，换得收入。他们在工作中很少出现拖延的情况，更多的是全力以赴，因为工作就是他们的兴趣所在。

我们由此可以得出结论，从事自己喜欢的工作也是一种避免工作拖延的方法。工作的魅力会时时发挥作用，让你一直带着激情工作。

不过，想找到一份让自己充满兴趣的工作并不是那么容易的。很多人社会接触面比较窄，知道的工作也就那么几种，很难从中挑出自己喜欢的工作来。再加上一些人对自己缺乏认识，不知道自己真正的长处或者兴趣在哪里，也就更难找到自己喜欢的工作。

在寻找自己喜欢的工作之前，我们必须对自身的能力和条件有一个全面的认识，看看你是否具备符合这个职业的条件。比如，运动员和舞蹈演员必须具备很好的身体素质，要有一定的身高、特定的身材比例等。一个节目主持人，必须口齿清晰、记忆力好等。如果一个人体弱多病，最好不要整天惦记着成为足球运动员。我们要选择自己喜欢，并有能力做好的职业。

然后，就是要对要从事的工作有一个了解。很多人在小的时候都会有向往的职业，但是在通常情况下，人们对那个职业并没有清楚的认识。比如有的人在小的时候想要当科学家，但是他并不知道科学家的工作内容是什么，当他有一天真的当上科学家，才发现这个职业和自己想象的大相径庭，根本不是自己的兴趣所在。在日常的接触中，我们也可以看到这样的情况，某人十分喜欢一项工作，但是当他入行之后，并没有表现出多大的热情，照样会出现拖延的情况，因为这一行跟他之前的认识是有出入的。

实际上，在有可能的情况下，我们需要一些专业的指导人员来帮助我们。比如在填报高考志愿的时候，很多孩子并不知道各个专业到底意味着什么，而是凭感觉填写，这种情况给他们日后的工作道路造成了不利的影响。因此，在条件允许的情况下，最好在高考填报志愿前找到专业人士，为自己做个分析。

如果你已经参加工作了，那么换个职业并不那么容易，很多人不能继续追求自己的兴趣，是因为要承担生活的压力。如果有机会做出选择的话，一定要选出一份自己喜欢且能胜任的工作。在工作中获得兴趣的你，就再也不用因为讨厌自己的工作而成为一个拖延者了。

第十三章

用规划战胜拖延

设定目标,才有战胜拖延的斗志

拖延的人往往不只是在某一类事情上拖拖拉拉,还会在很多事情上拖拖拉拉。那么怎么样才能算是克服拖延了呢?要求一个人做任何事情都雷厉风行,这本身就很难,恐怕谁都要对克服拖延望而生畏了。一个习惯的养成不是一天两天的事情,要克服它也不是一下子就能做到的事情。

我们可以清晰地分离出一部分事情来,把这些事情按部就班地解决,逐步减少拖延的范围。在我们提取出的这部分事情上制订一个清晰明确的目标,有助于我们始终沿着正确的方向前行。我们需要找出对自己最有意义的事情。比如,一个学生,需要以提高高考成绩为目标,如果可能的话,最好把目标具体定位到考哪所大学,取得什么样的成绩,等等。制订目标要符合几点要求:

首先,要确立具体目标。我们在描述一个目标的时候,往往并不清晰,比如,一个要减肥的人说他的目标是变瘦,可是他却没有说要瘦到多少斤,因此他的目标并不具体。不具体的目标没有意义，因为减掉一斤和减掉三十斤都是瘦，到底怎样才算达成目标了呢？这就像是赛跑一样，如果没有终点，怎么能确定输赢，跑到什么位置才能停下来呢？赛跑有起点、终点、路线，因此才能完成比赛。而我们要想克服拖延，也要有具体的看得见的目标，才有行动的方向。因此，想减肥的人，一定要把目标具体到要减掉多少斤才行。

此外，还有一些没有清晰指向的目标需要更正。比如，一个人说，我要让生活变得丰富起来。怎样的生活算是丰富？这句话太过笼统了，丰富都包括什么呢？是文娱活动、社交和学习吗？当你想要达成目标时，必须能清楚地描述它。你可以说，每个月我要看一次电影，跟家人聚会一次，跟朋友聚会一次，读一本小说，做一次户外运动，学会做一道菜，等等。这样你才能知道自己该做什么。

其次，将目标进行分解。无论多么短的跑道，都不是一步就能跨到终点的。刘翔在训练的时候，已经将跑步跨栏细化到每一个动作。而克服拖延，也要将目标细化，把最终目标分解成一个个小目标，这样有助于在短时间内看到自己的成绩。太过长远的目标如果不分解，实行的过程很容易消磨我们的意志，很可能会变成三天打鱼两天晒网的状况。而把任务细化到每天做什么，有助于我们坚持下去。

陈经理在第二季度之初接到了公司下达的销售任务，要求比第一季度的销售额高20%。这是一个具体目标，但是一个季度是个比较长的时间段，让人无从下手。他把这个任务进行了分解，他的计划是这样的：

1. 第一季度业绩下滑的原因分析；

2. 维护老客户，并积极推荐其使用新业务；
3. 制订业务下滑的应对策略，并实施；
4. 拓展市场，开发新客户；
5. 在谈客户，积极促成。

他针对其中的每个步骤都做了细分和再细分，老客户会产生多少销售额，新业务会带来多少销售额，通过什么方式和渠道拓展新客户，每个月要拓展多少新客户，都一一具体到每天的工作中。在细分的过程中，任何细节的变化都在考虑的范围之内。

陈经理将工作计划细化到每天，事实上就是为员工转移目标，如果每个员工都盯着那个增长20%的标准，就会有一大部分人拖延起来，第一是因为时间上没有紧迫感，第二是员工会感到无从下手，不知道怎样能完成这个目标。因此陈经理把工作细化后，每个人都有事情做，每天完成一个小目标，一个季度下来，就完成了大目标。

把大目标分解成小目标的最低要求是至少每天的任务是具体的，完成程度是可以衡量的。当然，如果能更细致些会更好。比如在一些工厂的流水线上，每个员工的操作步骤，都是有明确指向的，这样不但能严格控制效率，还能起到控制质量的作用。

有些目标分解起来比较简单，比如一个作家，要在三个月完成一本10万字的稿子，那么他只要计算出自己每天写多少字就可以了，根本用不着分析这个目标。而有些目标分解起来是复杂的，比如上面陈经理分解自己部门的销售任务时，不能简单机械地计算出每天需要完成多少，而是需要深入到任务的内部，做出分析，才能做出小目标。越是这种复杂的目标，越是要逐层分解，否则无的放矢，很难做到不拖延。

分解目标是一个不可以省略的过程，不能嫌麻烦，当每个步骤都清清楚楚的时候，你做起事情来才更有条理，能知道自己该干什么，做到什么程度了，等等。在细分目标的引领下，保持着有条不紊的工作秩序，就不难克服拖延了。

严格按照计划表做事

几乎每个想要克服拖延的人都为自己做过计划表，可是坚持下来的却没有几个。列出计划表，只是做好自我管理的第一步，严格执行计划任务，才是自我管理的关键。

每个拖拖拉拉的人都知道拖延是因为自我管理做得不够，该约束自己的时候，没能做到。因此，我们不能只把功夫下在计划表上，而应该把重点放在自我约束上。无论你是属于哪一种拖延类型，也不管是什么原因造成的拖延，这一步都是关键。只有恰如其分地控制好自己，才能从真正意义上克服拖延。

有计划表，但不能用计划表约束自己是拖延者普遍都会遇到的问题。一些人在制订计划的第一天，还会按照要求把事情做完，第二天就懈怠了，第三天，干脆不再看计划表了。日子很快就恢复成往常的样子。

黎阳从小就是个特别讲规矩的孩子。上学的时候，他每学期都为自己制订周密的学习计划表，然后严格执行。工作后，也是如此。因此他在老师眼里是好学生，在领导眼里是好员工。工作一年后，他就被提为部门主管。为了提高整个部门的效益，他要求每个员工都跟他一样，制订每月的工作计划，在经过他的检查后严格执行。可是第一个月过去了，他的整个部门并没有太大的起色，很多事情都得不到有效执行，不断往后拖。他想时间还短，再坚持坚持就会有效果的。可是三个月之后，他开始纳闷：为什么自己能在工作计划表的约束下提高效率，及时完成任务，而同事们就不行呢？他仔细观察了很久才发现，原来只有他自己是严格按照计划工作的，其他同事月初做了计划，到了月中计划表早就不知道到哪里去了。

拖延者从心底里讨厌被约束着做事，表格正是约束他行为的一个存在，因此，他们讨厌表格。"为一张讨厌的表格做事，真是太让人压抑了！"为此，我们可以做些有趣的调整，让自己能够按照计划表行动起来。

首先，为了让自己有些成就感，完全可以在这张表格中下些功夫，设计一个经验值表格，每做一件事情，就在这张表格上为自己画一笔。我们要做的是有针对性地提高自己的兴趣，制订一些有效的、可行的方案。比如，你希望自己在专业水平上有所提高，那么只要是为自己提高专业水平做了一件事情，就为自己增加一些经验值吧。哪怕是读了一本书，也在经验值的表格上，为自己画上一笔。这有点像小时候，只要考试得了满分，老师就会在墙报上给你加上一朵小红花。虽然，这个游戏只有你一个人能看懂，但也是奖励自己的方法。奖励可以促使你更加积极地做事情，减少拖延的情况。等一年过去的时候，你会发现自己的经验值越来越高，自己的专业水平也已经上升了一个大台阶。

其次，可以增加做事的趣味性。如果只是一味地做事，会让人枯燥到发疯。除了设计经验值表格，我们还必须让自己做的事情生动起来，可以给我们做的事情都赋予一定的意义。比如你想升职，就必须具备相应职位的能力，因此，你的计划表的意义就在于帮助你实现梦想。你要做的每件事情都有相应的意义，这样是不是会让你更积极呢？我们也可以用更简单的方式，比如，你一直想买一个价值不菲的玩具，但是总是舍不得买，如果把完成你的计划表当成是给自己打工，每完成一张计划表，就往买玩具的账户上划出一定金额的钱，等到你完成一定数目的计划表，就可以放心地去买心仪很久的玩具了，因为你的表现非常出色，值得拥有这个玩具。如此一来，目标和兴趣同时推动着你去行动，你就能更早地完成任务。

值得注意的是制订计划的时候，时间要安排得恰当。完成一个任务的时间不能太长，更不能要求自己在短时间内完成不可能的任务。

如果你在计划表上写：一个月读完一本书。多半你会半途而废，因为一个月太长了，长到会让你忽略它。因此，你可以把计划写成每天看10页，这样任何一天都指向明确，不会被忽略。

如果你计划一天背会300个单词，恐怕要放弃这个计划了，因为这很难做到。越是难，就越容易放弃。我们估算时间，至少要依照以往的经验，以前你一天最多记住过10个单词，那就制订为一天10个左右，一定要保证在自己的能力范围之内。

提高自我管理是有技巧的，单纯依靠完成计划表，会产生厌烦心理，效果也未必好。想办法让自己轻松愉快地面对工作任务，才是上策。拖延的成因复杂，但主要是心理方面的原因，因此多从心理上调整，才更有效。

建立固定的流程,让拖延无隙可乘

很多引发人们拖延的事情,都是临时性或者不经常做的事情。比如一个拖延者临时打算去爬爬山,那他很有可能会拖延出门的时间,甚至拖到最后干脆就不去了。而对于经常做的或者习惯性的事务,人们则很少发生拖延。比如起床后刷牙洗脸,上班后打卡等。当一些事情已经形成了固定的流程,或者说形成习惯以后,就比较容易完成,人们很少会找借口去拖延它。

固定的流程最大的优点是,非常稳固。习惯一旦固定下来,便会无意识地那样做,很难更改。如果外界没有施加刺激,我们不会考虑去改变。比如,我们经常去某家餐馆,总会翻来覆去点那几样菜;打开电视机,只会看那几个频道;每天晚上,都是做固定的那几件事。

同理,流程如果固定下来,也比较容易坚持。一般的小困难,不会对它构成障碍。因此在克服拖延的过程中,有意识地把该做的事设定一个流程,坚持一段时间,使之固定下来,不失为一个好方法。这样,形成习惯之后,我们会把完成它当成是必须要做的，这样便可持续向长远目标行动。这种方法可以让很多干扰失效。

固定流程有利有弊，恰当的流程，让我们受益匪浅，而不恰当的流程则会制造麻烦。比如，如果你习惯吃完晚饭不洗碗，那你就成了拖延者；而如若你习惯吃过饭马上洗碗，那就不会拖延。我们都有一些不好的习惯，但也能养成好习惯。如果我们能把学习、工作和生活中的很多事情都形成固定的流程，那就可以克服近半数的拖延。这种方法非常实用，当你习惯每天吃过晚饭就写作业，就再也不用为完不成作业而烦恼了。当你习惯每周三和周五锻炼身体后，就不用为缺乏锻炼而发愁了。

拖延者可以用形成固定的流程让自己不再拖延，方法非常简单，可以用锻炼身体来举个例子：锻炼的地点、内容和时间最好能固定。固定的地点变数较少，而且地点离家越近越好，这样不容易因为犯懒而放弃。锻炼的时间可以选每周之中相间隔的两天，这样可以不用太累。锻炼的内容，最好选择简单易行的，这样不会有太多借口停下来，比如跑步和竞走，不需要任何器械就能完成。

你可以选一个自己容易拖延的事务，设定固定流程。如果你总是在打扫卫生方面拖延，你可以选择一周中固定的一天打扫；如果你习惯工作中拖延，就在工作中为自己制订固定的流程，比如将上午的前两个小时的事情固定下来。习惯给人的心理感觉是必须要这么做，只要习惯固定下来，你会自主地克服任何困难。只要你的内心确定这么做，就非常有可能把事情做完。

对于经常拖延的事情，想要养成好的习惯，这只是第一步。接下来就是行动了，刚开始的时候是最难的，因为要养成好的习惯，往往意味着先要克服旧有的坏习惯。此时，你的意志会很薄弱，内心经历很多挣扎，障碍数不胜数，想要拖住你前进的脚步。一旦遇到客观阻力，比如感冒、放假、加班，就会中断设定好的流程。这时候，就需要你加强自己的意志力，坚决地执行下去，因为只要你停下一次，就很难坚持下去了。你制订的流程，需要你自己维护。最初，你必须说服自己，不断对那些障碍说"不"，当你跨越了这个阶段，坚持下去，就可以享受它带来的"福利"了。

清除"刺激",让拖延消弭于萌芽

我们的注意力很容易被周围的一些事情吸引,使我们放下手头的正事,从而导致拖延。在心理学上,人们把这种吸引我们的事情称为"刺激"(导致人的某些行为发生,另一些行为终止)。一个人的周围有很多的刺激,比如,办公桌上摆着零食,你很可能停下工作,开始品尝它们。但是我们可以用自己的理性,在这类事物引发拖延之前,将它们清除。既然明知道自己对零食没有抵抗力,那上班的时候干脆就不要在办公室摆放,免得不能专心工作。

在这方面,某些简单的方法非常有效。不会管理时间和容易被周围事物干扰的人使用这些方法非常合适。

首先,清单法。写一个任务清单,并简单地写出行动的步骤。这张清单可以是一周的任务,也可以是一天的任务。其实很多人都列过这种清单,可能坚持了一天、一周,之后就搁浅了。这个方法好像并不管用,因为能否完成任务还是要看你的自制力。所以,为了避免半途而废,使用这个方法有些注意事项:

第一，每张清单上的任务最好控制在五项，根据实践经验，这个数量比较容易完成，且会有一定的压力。在这五项条目旁边，注明重要等级，最重要的就是必须完成的，最不重要的即为可延后的。如果一天之内无法全部完成，可以把任务进行切分或者干脆用倒计时约束自己。这样，你对一个长期的任务就可以随时明确地知道进度，而不至于瞎忙了。

第二，事情的排序十分关键，有些拖延是因为人们把最容易完成的事情放在了前面，而有困难或者自己讨厌的任务放在了最后。这可不行，必须将马上该完成的、重要的事情排在最前面，即使它很难。

第三，对自己的清单负责任。如果完成了任务的80%，可以适当地奖励自己。比如跟朋友聚餐，或者到电影院看一场电影，总之要放松一下。为了明天更好地完成任务，你一定要保持轻松、愉快的心情。不过也别过度放松，如果放松不加节制，就会过度消耗精力，让你第二天一点精神都没有，那可就得不偿失了。

第四，要是完成量没有达到80%，就不要给自己奖励。一些能引起你的兴趣的放松活动，就不要去参加了。这种情况下，可能得找个人来约束你，因为你可能根本管不住自己。不过这并不是最佳办法，你若想战胜拖延，首先要战胜自己。

其次，清理环境法。要克服周围环境的干扰，就要对周围环境做些改变。

第一，让周围的环境整洁起来。办公室和家里，都要做一次大清理。除了工作要用的东西，所有可能分散你的精力的东西都不能放在办公桌上。暂时用不到的工作材料可以存入文件柜。

第二，物品要整理得井井有条。一些没用的东西如果不能扔掉，就放进储藏室。所有物品要存放有序，这样你需要用任何东西的时候，都可以在指定的地方拿到它。东西乱放的人，常常因找不到自己的东西而拖延。要是你想剪剪指甲，却怎么也找不到指甲刀，是不是只好暂时放弃？

最后，合理安排时间法。为了完成任务，要规划好自己的时间。

第一，每天抽出15分钟时间，把你讨厌的事情都"枪毙"掉。如果你讨厌打扫卫生和整理杂物，那么就在每晚固定时间调整出15分钟，迅速地把这些事情干完。这样，这些让你讨厌的琐事，就再也不会被拖延了。

第二，工作的时间要合理安排。工作的流程尽量不要打乱，在你正在进行一项工作的时候，如果有其他任务插进来，一定要检查自己的流程是否被打乱了。

第三，比较准确地估算出完成一个任务所需要的时间。如果对一个任务不了解，可能会造成估算的时间有误。因此，要在任务开始后的几天估算一下所需要的时间，然后尽量按照估算的时间完成该任务。

在生活和工作中从容不迫的人几乎都是那种看上去非常干练的人，他们把事情和物品都整理得非常有条理。你想成为那样的人吗？你需要做的仅仅是在自己的身边找到引发拖延的"刺激点"，让那些"刺激点"成为一种可控因素，你知道它们何时出现，就可以尽量避免和它们"碰面"。既然你都知道了，那就试着做吧！

用事务记录约束自己

在工作中,我们要完成的事情会很多。要经过哪些步骤才能使任务及时完成,每天要做多少才能及时达成最后目标,要单纯地靠脑力记住这些,往往容易出纰漏,导致最终目标拖延。工作任务、学习任务、社交安排加上生活方面的其他事情,不可能每一件都清楚地记在脑子里。既然事情多到用脑子不能完全记住,那就借助于能记录的方式好了。对!好记性不如烂笔头,最好的方式就是,记录下来!

很多领导都由秘书负责做事务记录,并提醒自己,没有秘书的我们就要靠自己了。事务记录是每个人都应该做的,拖延者更不能放弃做记录。

首先,最简单易行的是用便签做事务提醒记录。

做便签条是很多人都有的工作习惯,用便签提醒非常有利于工作。在办公位显眼的位置贴上提醒便签,省得刚说完的事情立刻就忘记了。而那些没有这个习惯的人,只靠脑子记事,经常会把该做的事情拖后。比如你跟客户约好10点钟见面,结果你忘记了,那就只能推迟见面的时间。

其次,事务记录要详细,不然细节上的差错,很可能造成后面计划的拖延。

做记录成为习惯以后,就会发现它的优势,而且会有依赖性。想不起有什么事情要做,就会去翻找事务记录。可是有的时候,会发现由于自己记录得不够详细,已经想不起具体是什么事了,所以一定要把记录做详细。很多人在做事务记录的时候,只是写个大概,结果在做的时候,有些细节上的事情就会出现遗漏,最终导致计划的拖延。

下面举一个详细记录事务的例子。

上午10点,去某公司见客户,需要带上样品,样品已经拿到。

下午3点,部门召开会议。时间已经公布,不能更改。

下午6点,送领导去机场。因为个别路段可能堵车,时间需要提前,5点出发,已经请秘书告知领导。

下周一,总公司要来人,需要安排人在部门值班。

本月中旬,要跟品质部开会,讨论客户质量投诉问题。时间待定。

临时任务,本周末,我要去工厂值班。

下周三至周五,本部门助理请假,需要安排值班人员。

做好记录只是抬抬手的事情,关键是能起到提醒的作用。只要随时翻看,就会知道该做什么,下一步要解决什么问题。

对于某些完成周期比较长的事情,可以采用日期记录的方式。哪一天需要完成哪些步骤,全都记录在上面,这样可以帮助自己掌控整个任务的进程，避免因为某个环节出了问题，而使整个任务拖延。

很多台历都有记事栏，如果事务不多，可以在台历上做好记录。每个月的任务都集中记录在一张台历上，所有事务一目了然。可以给已完成的做好标记，这样就更清楚明白了。

工作中还有一些细小的杂事，容易被遗忘，需要立即解决，不能拖拉。比如打印文件、订水、买办公用品一类的事情就应该立即解决，否则很容易一拖再拖。特别是办公室的行政人员，负责的事情比较细碎而密集，经常会出现拿东忘西的情况。这些看似很小的事情，可能会影响大局，只有立即解决，才可以防止后患。

有效利用等待的时间

我们在一生中，会有很多时间用来等待。在饭店等服务员上菜，在超市排队等着结账，等着同事赶完工作一起坐车回家，等着上一道工序完成开始下一步……这都是一些正常的等待。但是有些人则喜欢以等待为借口"偷懒"，比如，家里要做饭，没有酱油了，丈夫出去买酱油，妻子本可以在这段时间里洗菜、切菜，把一切都准备好，可她偏要等丈夫把酱油买回来，才开始所有的工作。在她的逻辑里，丈夫不把酱油买回来，这一切就没办法开始。很多拖延者都是以"我在等……"为借口，放下手头能做的事情不管。

克拉暂时失业了。他的老板告诉他，公司需要半年的时间进行调整，这半年他可以不必来上班了。原本克拉的计划是，接下来的半年要好好利用公司的便利条件，提高自己的业务能力。这下，他觉得计划实行不下去了，只好等复工以后再执行这项计划了。于是他不再考虑提升业务能力的问题，开始了轻松的休假。

一个月以后，克拉的朋友听说了这件事，就对克拉说："提升能力这种事随时都可以做，为什么非要等到复工之后才做？难道没有公司的便利条件，就没办法提高业务能力了吗？你完全可以自己看书或者报培训班啊。"其实克拉并非没有想到这些，只是拖延的心理，让他选择了单纯地等待。

如果你想喝一杯热水，就一直站在烧水壶旁等待吗？这自然不是好主意，你大可在等待的几分钟时间里做点别的，比如，看几页书。很多人都觉得看书是件很郑重的事情，需要抽出一大块完整的时间才行。实际上，学识不也是一点一滴地累加起来的吗？若你养成充分利用零星的时间去读几页书的习惯，某天就会突然发现，自己不知不觉中已经读过很多书了。

不再以等待为借口拖延，学会有效地利用等待的时间，这是非常有益的。

刚子因为冲动和无知，入侵了银行的网络系统，还篡改了银行数据，被判四年监禁。年仅22岁的他，突然觉得天塌了，他不知道自己在监狱中还能做什么。他是一个电脑程序员，他真怕四年后跟不上科技的进步，被社会淘汰。一个月以后，他的心情渐渐平复，决定学习金融知识。他让家人帮他买了各种金融书籍，从此开始安心学习。四年后，他对金融知识非常熟悉。回到家里，他开始做股票和期货投资，虽然没有赚太多的钱，但足够养活他和父母了。

等待并不等于停止前进的步伐。监狱生活让刚子不得不脱离外面的世界，可他静下心来，又发现了一线生机。

时间是有限的，我们不能操纵它，但可以利用好它。在有限的生命中，如果能充分利用等待的时间，会给我们的人生创造无限的价值。所以，不要等到所有的条件完全具备了，才开始行动，那是浪费有限的时间，你完全可以在这段时间里创造更多的价值。

第十四章

借助外力，计划更容易完成

孤军奋战，不如适当求助

改变是一个痛苦的过程，改变拖延的习惯更让人感到纠结和痛苦。

克服拖延意味着生活方式上的改变。改变生活方式需要一个过程，而克服拖延如果能有一个人从旁监督、提醒，往往会起到事半功倍的效果。

这个过程中，我们没必要太过纠结，想一想，你将拥有一种崭新的生活，是多么令人激动的事情，没有必要给自己增加思想负担。只要迎接这个挑战，就会有很大的收获。

面对挑战，孤军奋战，成功的概率并不高。最好的方式是向家人和朋友求助，在生活中找到那些能给你支持和公正评价的人。每个人都需要他人的支持和帮助，这很正常。在克服拖延这件事上，很多人自身的力量都是不足的，难以克制自己。这个时候，就需要寻求外界的帮助，利用外界的压力，来迫使自己改变。

当你找到能给予你帮助的支持者，他们会给你提供一些方法，并能帮助你分析问题和思考，找出是什么原因导致了你的拖延。在转变的过程中，你的一些感觉会影响你的判断，你需要一个旁观者的指导。如果你得到他人的支持，他们可能会帮你厘清你的思路，你可以把他们当成自己的榜样，努力改变自己拖延的习惯。

利用自己的社交关系网帮助自己克服拖延是个好办法。在这个适应新节奏的过程中，你可以从朋友那里得到更多的理解和支持。你也可以让他们监督你，每天按照清单检查你该做的事情是否做完了，而且告诫你任何完不成的借口都是无效的。这样，为了面子，你也会尽力完成的。

专家也曾做过人与人之间克服拖延的互助实验，这些实验的小组中，没有人受到过专业而严格的训练，但是他们能够互相帮助，效果很好。每个小组的成员都必须向他人提供帮助，可以是建议，也可以发表见解，但必须为他人提供指导。事实证明，每个人都有能力担任指导者。在小组中，可以设定一个团体目标，大家共同去完成，在这个过程中，成员之间会相互帮助。这些小组成员可以讨论他们在改变拖延习惯中的一些感受和想法、挫折和障碍等，他们也可以分享自己的过去。当他们取得进步的时候，当然也会跟其他成员分享喜悦。

这也证明，在选择你的支持者时，并不需要刻意挑人，每个人都能对你有帮助。需要帮助或安慰很正常，这是任何人都需要的。在你改变拖延习惯的过程中，让他人知道你拖延并不可耻，你克服拖延的勇气和行动更值得钦佩。

找个好的倾诉对象

多数人在遇到困难和挫折的时候，喜欢找人倾诉，一方面是调整自己的情绪，一方面是期望从他人那里得到有用的看法和建议。拖延者在克服拖延的过程中，同样会遇到困难，他们也需要向人倾诉，并得到有益的反馈和帮助。然而，并不是每个人都能给他们正确的意见，因此，倾诉也要选对对象。

在研究中，专家发现，很多拖延者并不懂得该找谁倾诉。他们会倾向于找和他们关系一般的普通朋友，而不是找家人和关系亲密的伙伴。这样，他们往往得不到真正有价值的意见。因为普通朋友的意见往往是含蓄而失真的，而家人和亲密伙伴的意见才更准确和真实。

丽萨失业了，她觉得让亲近的人知道这件事很丢脸，可是又很苦闷，想找人诉苦，于是她先把这个消息告诉了一个交往并不深的朋友林德。林德表示理解，并安慰她说："噢，真糟糕，他们不懂得重用人才。这不是你的问题，是他们的问题，他们没有看到你的长处,你真该早点跳槽呢!"可是她把这个消息告诉父母的时候,母亲则说:"哎,意料之中的事情,早跟你说过做事不要拖拖拉拉,整天迟到。你要是改改,就不会出现这种情况。"

林德的话听起来更让人感觉舒服,丽萨在失业后所需要的是安慰和理解,而母亲的真话则让她感到痛苦。在大多数情况下,一般朋友说话总是较多地考虑对方的感受,而好朋友或者家人,则更喜欢一针见血地说出问题所在。拖延者内心渴望得到安慰,而非刺痛感。因此,拖延者更倾向于向关系一般的普通朋友倾诉。

最了解你的人是家人和亲密的伙伴。亲人跟你共同生活多年,对你人生中的每次失败和成功,他们都了如指掌,知道你的拖延造成了哪些后果,更了解你错过的人生机遇。而那些普通意义上的朋友并不知道,更不了解你的拖延习惯。如果你拖延并导致失败,你的父母和你最好的朋友会直接给你指出来,而你很可能一直在回避。当他们把陈年旧事搬出,指出你因为拖延而导致的失败时,或许你早就忘了——没有哪个拖延者愿意记住自己因拖延而导致的失败。

只有真话才对你有帮助。要想克服拖延,必须正视自己的缺点。因为只有这样,你才能知道自己该迎接什么样的挑战。明白哪些坏毛病是自己必须要改掉的,才能提高决心和斗志。听真话,并不可怕,这是了解自己、管理好自己生活的必经之路。

拖延者向家人和亲密朋友倾诉的过程,并不那么简单。

在对拖延者人际关系的调查中,我们发现他们跟非拖延者相比,跟自己的家人和亲密伙伴的关系总是很紧张,甚至有冲突。

一方面因为这些人总是说真话，因此拖延者和他们会意见不合，拖延者不愿意听父母或者最亲密的伙伴说自己的拖延造成了严重的后果；另一方面是因为拖延者对周围人非常依赖，经常让他人替自己完成任务。如果任务被耽搁了，拖延者会说这不是自己的原因，做决定的或者做事情的不是我，一句话就让自己置身事外了；如果任务完成得好，他们就可以分享到光荣。总之，在这种情况下，他们不会有损失，可是替他们承担责任的家人或朋友就会有一种上当受骗的感觉。

虽然找家人或者亲密伙伴倾诉会有困难，但也不必悲观。专家让拖延者在短时间内写下自己的人际名单，并写出自己可求助的名单，他们写下的求助名单并不短，其中包括了自己的大部分亲人和朋友。这是个好消息，尽管有些困难，以往有些摩擦，但是拖延者依然愿意找亲密的人倾诉。

克服拖延是一个人的事情，但要想做成这件事情，必须跟家人和最好的朋友建立良好的关系，他们是能帮助你克服拖延的人，是合适的倾诉对象，他们会给予你必要的支持。

让家人监督自己

我们的生活计划太多,而实现的却那么少。在生活方面的拖延远远超过了学习和工作中发生的拖延。于是,在拖延中,健康离我们远了,美好的形象离我们远了,快乐也离我们越来越远了。

我们不能做到自我约束,那些为自己精心制订的健身计划,迟迟不能实现,每次都是三天之后就放弃了。之后,我们继续承受身材走样的事实。可是我们会发现,如果计划是跟家人约定的,则比较容易完成。如果家庭成员约好了一起出去旅游,我们几乎不用克服太多的心理障碍,就能轻松完成。再比如每个月家庭固定的聚餐我们几乎都会准时参加,即使有些犯懒,也会准时去父母家。尤其是答应了晚辈的事情,我们就更不会拖延,无论如何也会把这件事完成,很少会让小孩子希望落空。

看来他人的监督对生活上的拖延者非常有用。我们可以通过他人的共同参与,来逐渐克服生活方面的拖延,完成自己的生活计划。

1. 请家人参与我们的计划,并监督我们。对于生活中的你,家人是最了解的了，他们可能比你自己更了解你。如果在为自己制订计划时，能得到家人的建议，这份计划会更符合实际。一个拖延者可能对自己的拖延程度并不了解，作为旁观者的家人，则看得更清楚。你可以把自己的目的和计划跟家人做一个讨论，听听他们怎么说，看看自己哪里还需要做调整。计划修改完成后，问问家人将会怎样督促你坚持这个计划。不过在家人对你实施监督的过程中，你不能因为知道他们不会惩罚你就放松对自己的要求。时刻提醒自己，不能辜负家人在你身上投入的精力和爱。

2. 找一个能跟自己一起完成计划的同伴。如果你没有信心完成自己的生活计划，最好有一个人能跟你同行，他的提醒或行动会让你比较容易坚持下去。

西西很想学厨艺，可是她试了几次，就放弃了。之后她想学，却没办法让自己动起来，就这样一直拖着。直到她要结婚的时候，才担心自己不会做饭而导致家庭不和谐。她跟男朋友说了自己的想法，没想到男朋友非常支持她，打算跟她一起学习做饭。此后，他们每天下班回家前都买好菜，按照菜谱各做一道菜。有时候她不想做了，可是看到男朋友在坚持做菜，只好把自己的任务完成。一个月过去了，他们各自都掌握了一些做饭的技巧，并能做出几道拿手的小菜了。

一个人做事难以坚持，而两个人一起就会显得容易些。特别是如果同伴更积极的话，你也会受到好的影响，即使你想偷个懒，在同伴身体力行的带动下，你也不好意思拖延。因此，我们对自己的计划没有信心坚持的时候，就需要给自己找个同伴。

如果没有家人或者同伴的监督，你能依赖的只有决心和毅力了,这样当然很好,但你会非常辛苦,且有可能坚持不下来。这时候,也可以用美好的憧憬帮助自己克服生活中的拖延,如果能利用自己对美好生活的向往,想象计划完成后的美景,也可以增加行动的动力。

高乐身材肥胖,他有个减肥的计划,但他迟迟没有行动起来。大学毕业前夕,他再次决心减肥。这一次他为了给自己增加动力,把减肥和谈恋爱、找工作联系起来。减肥无非"迈开腿,管住嘴"。运动很辛苦,每当累到进行不下去的时候,他就会想,如果减肥成功,他就能顺利找到合适的工作,能向那位心仪已久的姑娘表白,请她做自己的女朋友。节制饮食很煎熬,每当被美食诱惑想要大快朵颐的时候,他又想自己减肥成功后,就会更受女同学的青睐,更有男性的魅力,等等。就这样半年过去了,他的辛苦没有白费,他成功减掉了四十斤的体重,已经接近标准体重了。

生活中那些美好的事情,都是激励我们坚持下去的动力。憧憬美好未来可以提高我们的成功欲望,增加行动的动力。如果能把对现状的不满意和美好未来的憧憬作对比,同样能增加自己克服拖延的动力。当你想放弃时,就用这两个方法增加自己的动力。

无论是靠同伴、靠家人,还是靠自己,都是为了克服拖延症。我们可以将这些方法灵活运用,只要达到克服拖延的目的就好。

树立榜样或寻找对手——强化竞争意识

各行各业都需要具备竞争意识，只有看到他人的成功之处，并不断对自己提出高要求，工作才能越做越好。具备了竞争意识，可以一定程度上克制工作中的拖延。

我们只关注自己的成绩和努力，虽然能看到自己的进步，让自己不灰心，可长期这样下去，只会看见自己微小的进步，并感到满足，而看不到自己和他人的差距。这种情况下，可能我们已经被落下很远了，却还不自知，最终形成拖延。这时候，我们可通过培养自己的竞争意识，给自己提供前进的动力。

培养竞争意识的第一步是为自己树立一个学习的榜样，榜样不拖延，你就会要求自己不拖延。这个榜样最好就是你身边的同事，他离你越近，你就越容易看到他的成绩和优点，还能看到他是如何努力的。这个方法非常适用于那些没有太高追求，过于自我的拖延者。我们可以把榜样的业绩作为目标，通过一个月或者三个月的努力，赶上他。更重要的是要看看他有什么好的工作方法,自己也试试这些方法,渐渐养成好的工作习惯。

榜样法其实就是一个变相的目标设定法,把这个人当作自己追赶的目标。在选择自己的榜样时,有几点要注意。第一,在本部门找一个人做自己的榜样,他业绩突出,工作踏实而努力。这个人未必是部门最优秀的,但一定要胜过自己,这样才能起到榜样的作用。第二,能给自己提供一些指导。有些业绩好的人,不愿意帮助他人,不能为我们提供太多指导意见,这样的人不适合做榜样。第三,我们的目标是赶上他,当你赶上他时,就可以为自己树立下一个更强的榜样了,当周围的人都被你赶上了,你肯定已经摘掉职业拖延的帽子了。

除了用树立榜样的方式培养竞争意识之外,还可以找一个竞争对手。这种方法更能起到督促自己的作用,在竞争对手的刺激下,即使你想放松、拖延,也会想办法打起精神来做事。

使用寻找竞争对手法,其实就是利用我们争强好胜的心理,帮助我们克服工作拖延。

小张在公司工作得很不愉快,因为小王总是拿他的拖拖拉拉开玩笑,他想还嘴,可是小王却偏偏什么都好,找不出什么毛病,而自己确实很拖拉,工作任务经常完不成。小张本想换个部门,可是争取了好几次都没有成功。于是他静下心来,干脆每天关注小王的工作情况,这个月的业绩怎样,每天怎样安排工作,等等。他下定决心要超过小王,让对方不能再拿自己开玩笑。于是他暗地里加倍努力,今天能做完的事情,绝不拖延。他想,自己并不差,凭什么总是不如小王,整天遭到他的耻笑。第一个月,他比小王差,但是业绩高于自己平时的水平,第二个月,他们的差距缩小了,第三个月,小张终于超过了小王……此时,小张发现自己已经能够做到今日事情今日毕，再也没有在工作上拖延了。

后进的小张有着强烈的好胜心和自尊心，他不甘心落后和被嘲弄，这是他取得进步、克服工作拖延的法宝。他加倍努力工作，终于完成了自己的目标——赶超对手小王。这就是在竞争意识的作用下，克服拖延的例子。

竞争心理可以产生巨大的行动力量，换句话说，竞争意识可以帮助我们一定程度上克服工作中的拖延。为自己找一个比你强，差距又不太大的竞争对手（差距过大可能导致放弃），然后开足马力，追赶他。这样原本你想拖延的事情，就变得不得不做了，而且好胜心会为行动提供动力。不要因为初次没有超过对手就气馁，一次不行就两次，这次不行还有下次，在追赶的过程中，你在工作方面的拖延不知不觉就克服了。

自尊心强的人，通常非常容易产生好胜心，竞争意识也更容易培养起来。即使是拖延者也有自尊心，不然怎么会在拖延发生的时候为自己找借口呢？无非是想掩饰自己做事拖拉的毛病罢了。只要还有自尊心，培养竞争意识的方法就适用于想要克服工作拖延的你。

跟身边的拖延者沟通，避免被动拖延

如果你跟一个拖延者在一起生活，可能会陷入沮丧之中，总是感觉要被他拉入拖延的深渊。我们到底该怎样做才能不让自己随波逐流，并跟拖延者和平相处呢？最好的方法就是沟通。

你不能完全屏蔽跟你共同生活的人，即使他是拖延者，因为他可能就是你的家人。如果你们需要共同完成一件事情，而他一直拖着，你要么默不作声地跟他一起拖下去，要么就改变他，让他跟上你的节奏。

我们没有十分的把握通过沟通让拖延者彻底改掉拖延的毛病，但是至少我们可以不让自己被他拖得太过难受。

面对身边的拖延者，你首先要保持自己的立场。一个拖延者带来的影响非常大，有时候让人分不清是自己的问题，还是拖延者的问题，是自己的任务，还是拖延者的任务。于是你的很多精力都被他消耗掉了，你不是忙着审视自身，就是忙着完成任务。可他不是你，也不能理解你的心情。

第十四章
借助外力，计划更容易完成

王丹对自己十五岁的儿子感到非常无奈，因为儿子该看的书不看，作业也拖着不做，她又完全没有自己的立场，觉得儿子表现不好，就等于自己不好。于是她把大部分的时间都用在监督儿子的学习上，这样一来就连每周去看望母亲都不得不拖延了。她总是想抽空去照顾年迈的母亲，可又觉得自己担负着监督儿子的责任。儿子在她的监督下没有任何改观，即使他坐在书桌前，也不学习。王丹感到自己正在承受着沉重的压力，并且十分自责。

王丹被儿子带进了拖延的深渊，她不能及时去看望自己的母亲，精神压力也变大了。

我们无法让拖延者立刻行动，更不能用强迫的手段让其做事。如果他是你的家人，你必须认清一点，那就是你们不是同一个人。即使他拖延了，也不要归咎于自己，更不能因为他的拖延而导致自己也跟着拖延。我们要坚守自己，这样有助于保证拖延者的独立性，而你自己也才有可能避免被动拖延。

当你能够做到坚守自己时，就可以用积极的心态来对待拖延者了。当拖延者有了些改进，可以对他进行称赞："真不错，你有了进步。""你那么认真地做事，真棒！"这样有助于提升他们的自信心。

很多拖延者都不能用积极的心态来看待自己和要做的事情，所以对不能出色完成的任务一拖再拖。如果只是认识上的问题，可以通过积极的交流来解决。不要指责和命令，更不要嘲讽和警告，而是要用语言传递一些正面的生活态度，比如，学习是一个多么有趣的过程，迎接挑战会让人充满激情，为一件事情努力是非常值得肯定的，等等。

基于这个出发点，我们在跟拖延者谈话时，就不能只是谈结果。比如一个家长不能只是询问考试分数，而应该询问学校中发生的一些有趣的事，或对孩子遇到的学习困难给予帮助和指导。这样拖延者就会渐渐从你的帮助中获得心态上的成长，减少拖延。

当你想要督促拖延者时，不妨换个说法和态度。如果一个人不停地催促你做一件事，你多半会感到厌烦。所以我们不能用反复的催促来对待拖延者，你说得越多，他就越不想做。最后，就算你用奖励来诱惑他，也不会起作用了。我们知道，唠叨、威胁和诱惑都不会取得正面的效果，而是相反。所以，我们在跟拖延者沟通的时候，需要调整态度和方式。如果能让谈话变得轻松而愉快，效果会更好，不如说："这是你自己的事情，我不需要参与太多，我相信你自己清楚它对你有多重要，也知道该怎么办。"

如果你照自己说的做了，你就不会被他拖延。当然，你不可能马上就看到效果，当他再次拖延的时候，你必须记得自己说过的话，即使内心挣扎，也不要随便插手他的事情。坚持一段时间以后，你就会发现你能克制自己了，而他也已经能依靠自己完成一部分事情了。

跟一个拖延者共同生活会让人感到痛苦，但我们必须理解他们。我们不能强迫其彻底克服拖延，也不能为了寻找平衡，而变得跟他们一样拖延，更不能替他们做事，把他们的事全都揽到自己身上来。我们可以做的是调整心态，用适当的方式跟他们相处并沟通，即使他不能改变，也可以使你避免受他的影响而变得拖延。

借助外力，攻克自己不擅长的科目

我们学习的内容，并不是完全可以根据自己的喜好进行选择的。学习不是参加兴趣小组，喜欢就参加，不喜欢就不参加。我们难免会遇到自己不擅长也没兴趣的科目。

拖延者很容易放弃那些自己不擅长又枯燥无聊的学习科目，导致偏科。走上工作岗位的人，更会有这种体会，工作中需要用到的技能，也许正是自己的短板，但是也不得不硬着头皮学。

畏难情绪很容易造成学习拖延。但是，为了对自己的生活和人生负责，还是要想办法克服，做到不害怕，也不逃避。

对于自己感到难学的科目，最有帮助的就是借助外力。

1. 上补习班。现在的培训机构非常多，各个大中小城市中都分散着各类补习班，雅思班、公务员班、司法考试班、平面设计班，等等。与其自己花费大量的时间去学习，不如去报个补习班，虽然会破费一些，但是会帮你节约时间并切实提高成绩。

思思想去外企做行政工作，不过那里对英语的要求比较高。

思思本来英语水平就不高，又好多年没用过了，学起来难度非常大。她本来想自学英语，还给自己制订了学习计划，可是在家学习的时候，总是看几个单词就学不下去了，最短期的学习计划也一直拖着完不成。于是她一狠心，报了一个英语辅导班，每周六日上课，平时自己练习口语。辅导班最大的好处，就是可以迫使她进入学习状态，尽快完成学习计划。终于在一年后，她进入了一家外资公司，当了一名行政人员。

虽然补习班并不能保证让你学有所成，但是它胜过孤军奋战。补习班能提供一个合适的环境，在这个特定的学习环境中，有老师的指导和约束，有同学共同学习的气氛，这些都会促使人集中精力学习，能更好地克服自学时的拖延。

2. 请家教。如果有条件的话，可以为自己请家教。这个方法特别适合外语学习，一对一的辅导能更有效地利用时间。虽然没有了补习班的学习环境，但是家教的监督更加严格，在强制性上更有效果。

3. 如果没有条件请家教或者上补习班，就要懂得请教他人。任何学习都能找到志同道合者，他们就是你最好的请教对象。很多准备考试的人，会在网络上找到参加同样考试的小组，一些论坛或者QQ群，里面的人可能会分享一些学习方法和学习资料，可以和他们多进行交流。有时候，跟别人交流也是对自己的一种监督，当你看到别人努力学习，总是有进步的时候，自己心里就会产生紧迫感，这样一来，也能有效克服自己在学习上的拖延问题。

改变环境有助于克服拖延

多数人在躲进"安乐窝"之后,就很难再说服自己离开。当拖延者进入一个让自己感到舒适的环境之后,会极力让自己待在这种环境里,拖延所有让自己离开这个环境或者会改变这个环境的事情。大多数人在家里都无法安心工作,不是想看看电视,就是想打扫一下房间,吃点东西之类的。一个懒散的人即使有了跑步的念头,也会尽量延长在家看电视的时间,拖着不去跑步。

要想克服拖延,我们应该摆脱引起我们拖延的安逸环境:

1. 家是个安乐窝,在家里学习或工作,效果并不好,所以很多同学都选择去图书馆或者自习室学习,而上班族则选择在公司加班。少了家里的干扰项,也就没有了那么多诱使你拖延的因素。

2. 身边的电子设备。将手机、平板电脑一类的电子产品的使用时间做一个限定。如果你是那种拿起电子设备就放不下的人,最好将它们收起来,等眼前的任务完成了,再拿出来。到底要限制多久?可以完全根据你的个人需要合理地制订。

3．无所事事的人群。人多的地方比较热闹，有人一聊起天来，就留在那里不走了。如果家里人太多，或者自习室的同学在聊天，最好远离他们，另找一个安静的地方。

有些环境需要自己建设：

1．建立一个工作或学习区。有学生的家庭，都会有个学习区——写字桌、台灯、椅子和书架围起来的一个区域，这个区域的位置也会比较安静。如果你的工作需要在家里做，那你也需要一个这样的区域，相对简单的区域有助于你集中精力做事。

2．向能督促你做事的人靠拢。如果班级里有人学习非常刻苦认真，你可以跟他一同上自习，以他为榜样；如果有同事能监督你，也可以选择跟他一起加班。

3．只把最重要最紧急的任务放在手边。有时候干扰项不是娱乐，而是另一项任务，但这个任务并不那么紧急。一些畏惧困难的拖延者比较适合用这个方法，免得最紧急的事情受到阻碍，而会想先做其他的事情。

4．为自己设置闹钟。这个方法适用于精力不能集中的人，如果喜欢发呆，精神涣散的话，设置一个定时提醒的闹钟可能会有帮助，每隔一段时间，闹钟就响一次，这样可以把精力分散的你拉回到当前任务上。不过一旦精力能够集中，记得要把闹钟关掉，否则，它就成了打断你工作的干扰项了。

虽然上面这些手段都能有一定的帮助，但是并非上上策。我们还是需要培养注意力，当我们改变不了环境的时候，还是要靠自身的约束力克服拖延。

利用科技手段督促自己

如今，科技飞速发展，许多高科技产品使人们的生活更加便利，也在很多方面提高了人们做事的效率。不过，科技也给人们带来了拖延的问题，或者使拖延问题更加严重。因为用电子产品娱乐而拖延做事的情况不在少数，比如因为玩手机而拖着不写作业，因为玩游戏而拖着不去运动等。

凡事都有两面性，科技产品给我们带来这种困扰，我们也可以用科技产品解决这些困扰。在这方面，电子产品的一些设计者也开始参与帮助人们克服拖延的设计工作。我们可以充分利用这些产品设计，对抗拖延。

目前，市场上正在出售的手机都有闹钟提醒的功能。这一功能使用频率非常高，学生、上班族等，都对它情有独钟。如果闹铃响第一遍的时候，你还起不了床，它还会接着响第二次、第三次……直到你醒来为止。想要拖延？闹钟也不答应。

在手机日历中，也有一个重要的对抗拖延的工具。它的使用频率并不高，但它非常有用。可以把某项任务的进程记录在每天的备注事项里，这样就可以清楚知道这项任务什么时候做到了什么程度，如此可以有效避免因为安排不周而导致某个事项的拖延。

我们也可以利用电脑的一些软件对抗拖延。很多年轻人是"夜猫子"，他们不是半夜才从夜店回家，就是吃过晚饭就坐在电脑前，没有什么正事，拖拉到很晚也不睡觉。就算他们下定决心今晚要10点上床，可还是会拖到12点半才恋恋不舍地离开电脑，上床去休息。有一种电脑定时关机软件，用这个软件可以给电脑定好时间，督促自己到点就关掉电脑，上床睡觉。

还有一种叫作电脑锁的软件非常有用，它可以控制上网时间和电脑使用时间等，对一些经常在网上"流连忘返"的人非常管用。你可以用它定时，限制自己上网的时长。很多人抱怨自己的家人对电脑和网络太依赖了，不妨给他在电脑上装一个电脑锁。

无论是手机提醒功能，还是电脑软件，它们只能起到提示的作用，真正起决定作用的还是你自己。科技发展并不是为了让你拖延，而是让你高效，可你非要被它绊住手脚怎么行呢？

只要你能合理地利用科技，你就会发现它能帮助你提高效率，对抗拖延。

科技让人们的生活更为便利，它是一个很好的工具。我们没必要把它视为仇敌，但更不要把它当成拖延的借口。科技可以让我们强大，也可以让我们脆弱，关键看我们如何选择了。

第十五章

精力分配要有重点

时间和精力要用在关键处

有些人在工作中非常忙，他们不是忙这就是忙那，可就是没干多少正事儿，没有什么成果。究其原因，他们做的大部分事情都是在浪费时间和精力，在工作中常常走弯路。

一个人的时间和精力非常有限，谁也不能把一天掰成两天。一旦时间被浪费在无用的事情上，正事儿就被耽搁了。

通过几个案例，我们可以找出浪费时间和精力的原因，并想办法让时间和精力花费得更有效。

原因一：不了解情况，就开始蛮干。

老王所在的部门是售后服务部。整个部门里他是最积极的，只要接到投诉，他就立刻开始调查，查数据、找记录、去现场，等等。往往客户还没有递交不良报告，他就已经忙活半天了，可当客户的不良报告发过来以后，他才发现自己查找的方向错了。半天的时间就这样浪费了，手头的工作也没有按时完成。

老王积极肯干，却成了反面的典型，主要就是没有养成了解情况再动手的好习惯。客户投诉要处理，但是不良报告中会描述得更清楚准确，等见到报告再处理，并不会浪费时间。

遇到事情不要慌张，先了解情况，把情况都弄清楚了再行动。

原因二：还不清楚自己的任务，就开始行动。

小惠刚毕业，找到一家律师事务所实习。她早晨一上班，就看见王律师的办公桌上放着一单诉状。她立刻在心里盘算着，如果自己早点行动就可以更多地参与其中。于是，她匆忙看了看诉状，就去找相似案例了。她回到办公室的时候，王律师不高兴地问："你去哪儿了？我在这里等你半天，要带你去见委托人呢，我们约好了时间，都快迟到了，快走吧！"

小惠没有弄清楚自己的任务，还差点耽误了王律师带她去见委托人。在开始行动之前，她不知道王律师已经给她做了工作安排，虽然她做的事情也是和案子相关的工作，但却差点把领导的安排错过了。

工作中，不可小看请示领导的环节，如果自作主张，往往只能是白忙一场。问清领导的安排，再行动也不迟。

原因三：有想法，不行动。

老张年近五十岁，在公司也是元老级人物了，他能力强，但是过分老实，虽然他也为公司解决了一些问题，立下了一些功劳，但却没有得到提拔，一直在做基层领导。

翻开他的工作笔记，会发现很多有预见性的建议，并设计了一些规避问题的方案。可是他从来没有在工作中实施过这些想法，更没有让领导知道他的意见。

创意和想法都是智慧的体现，可是老张宁可把自己的想法都写进本子里，也不肯让人知道，更不肯付诸行动，因此没有人发现他的领导才能，又怎么能提拔他呢？

只有想法，没有行动的人，不能让他人充分了解自己，因此无论自己花了多少精力用于思考，都是一种浪费。有想法，至少应该讲出来，看看是否可行。

审视自己在工作中的表现，有没有以上几种情况？是不是因为忙了没有意义的事情，让自己缺少了完成任务的时间，而给人留下工作拖延的印象？即使有，也不必难过，只要认识到了，就可以慢慢克服，千万不要找借口，让自己继续拖延下去，否则各种繁杂的任务，总有一天会压得你喘不过气。

拒绝没必要的事情

一些人总是被没必要的事情占去了大量时间和精力，导致该做的事情一直拖延。数一数自己一天做了多少没有意义的事情，上网浏览了多久没有意义的信息。再有，同学聚餐是每次都非去不可吗？有些事情，既不是你喜欢的，也不是必要的，那就干脆拒绝，以便把精力花费在有意义的事情上，克服拖延症。

想一想，在生活中，有什么事情是需要拒绝的呢？至少有几类事情需要拒绝。

第一，没有意义的事情，必须拒绝。你的生活中有多少事情是没必要的？这些事情不仅仅消耗时间，而且妨碍进步。比如，你正想要考研，正在积极备考，这时一些同学成立了学习小组，邀请你加入。可你去了才发现，他们不是谈天说地，针对一个问题讨论半天，就是吃饭娱乐，这样的事情你还要参与吗？你当然可以果断地拒绝，他们不是要跟你共同实现考上研究生的目标，而是浪费了你复习功课的时间。

一个拖延者，常常搞不清事情的必要程度，结果浪费了时间而没有收获。你需要做的事情是，分清楚自己需要什么，不需要什么，明确地判断出浪费时间的事情，并将它们从你的生活中踢出去。

　　第二，拒绝习惯性的无意义的行为。有时候，我们不是为了明确的目标在做一件事情，而是因为习惯于机械地做事。有些上班族，上班后的第一件事是看新闻。并不是他有多么需要了解时事，而是习惯一打开电脑就机械性地开始浏览新闻。这是一种无意识的冲动，跟自己要做的事情完全没有关系。至于为什么还要那么做，其实他自己也不知道。对这类事情，必须说不。有些家庭主妇，一开始做饭，就觉得厨房不够干净，于是一边做饭，一边整理厨房，结果每次做饭都要拖拉很久。先做好饭再整理不是更好吗？

　　第三，不是分内的事情，就要拒绝。在生活或工作中，总有些人喜欢给人添麻烦，本来一个人可以完成的事情，他们非要拖着一个人跟他一起做。当然，我们承认助人为乐是优秀的品质，可是如果连别人强加给你的事情都包揽的话，就是在纵容别人侵犯你的时间。做个老好人并不能说明这个人品质有多好，只能说明他没有原则。这样做只会浪费很多时间，导致自己的事情被一拖再拖。帮忙需要有一个限度，你有权利拒绝没有必要的帮忙。

　　第四，对电子网瘾说不。网络游戏、网络小说、网络剧、八卦新闻、社交网站、网购，等等，对不同的人形成不同的诱惑。

　　你的电子信箱里每天都会接收大量的邮件，其中很多都是广告垃圾。没有必要每隔一会儿就看一眼，每天用固定的时间处理一下就足够了。

　　网络上有很多诱人的东西，网络新闻的标题变着花样吸引我们的目光，更不用说游戏广告和网购的广告了。沉溺于网络，会让人消耗大把的时间，而一旦成瘾，就会让人在该做的事情上开始拖延。为了让自己的精力不被互联网分散，斯坦福大学的劳伦斯·莱斯格教授做出了一个重要的决定：每年关闭网络一个月，连打电话的次数也尽量减少。每当他需要集中精力的时候，就会拔掉网络线路，让自己安静地工作。

你也可以像他这样做，但大多数人会提出反对意见："那我可能要错过一些重要的事情了！"真的有那么大的事情，需要网络来解决吗？如果你觉得一个月确实会耽误你一些事情，那么几个小时呢？你可以试试晚上不开电脑，不玩手机。

拒绝以上几类事情，仅仅是一个开端，更重要的是，你需要对自己的事情做出更深入的思考，你的生活中应该有什么，应该没有什么，当你制订了自己的标准之后，你的拖延就会逐渐减少，并能够在生活上获得更大的自由。

高效率做事

有些人做事的效率非常低下，一件很简单的事情，做了半天还完不成。通常情况下，这种情况会让人非常苦恼。而当苦恼情绪越来越严重之后，人们便失去了做这件事的兴趣，结果导致拖延。而对事情的拖延，又会反过来引发烦躁和焦虑的情绪，使得做事的效率更低，如此周而复始，循环往复。

这样的恶性循环，在某些拖延者身上非常常见。他们很难有好情绪，也很难不拖延。而那些做事比较高效的人，则很少出现这种情况。当一个人做事效率比较高的时候，他的心情会相对比较愉悦，这件事情在他心中的难度也没有那么高，于是他便更有兴趣完成它。有时候，虽然我们对做某项工作没什么兴趣，但是我们有能力很快地完成它，我们会对自己说："尽快做完这项讨厌的工作吧，然后就可以休息了。"如此，我们就会尽快把事情做完，而不会拖拖拉拉让自己难受。

有意识地提高做事效率，可以很好地帮我们改掉拖延的毛病。

一个叫洛基特的人发明了一种很有效的提高效率的方法：将工作时间重新做一个安排，把1个小时分成6个10分钟，每个10分钟对应一些工作内容，例如：第一个10分钟，清理文件；第二个10分钟，把文件归档；第三个10分钟，备份重要文件……在每个10分钟内都集中精力尽快完成任务。1个小时过去后，你会为自己做完了那么多事情感到惊奇。

这个方法同样适用于处理生活问题。把1个小时分成6个10分钟。第一个10分钟，清理冰箱；第二个10分钟，把收纳篮中的脏衣服放进洗衣机清洗；第三个10分钟，整理茶几上的杂物……所有让人讨厌的家务，在1个小时之内就完成了。

这种方法经过反复使用，就会固定下来，像一个习惯一样自然。一些重要的、看似很小的事情，就在这1个小时内做完了。你的压力会减轻很多，而且剩余的时间用来处理其他事情也会绰绰有余，再也不会焦头烂额了。

有效利用这1个小时的要领就是不想其他的事情，只要你心里想着"只有这10分钟"，你就不容易被其他事情分神。

在提高效率方面，有些人会有不同的认识。比如某些人认为，提高办公设备的工作效率，整体工作效率就会跟着提高。例如加快电脑运行速度，缩短打印机打印时间等。可是我们会发现，随着各种设备运行速度的提升，我们工作的效率并没有提高太多。原因在于我们可能利用那些时间干别的去了，所以提高效率关键在于自身，而不在于外部设备。

在统筹学里，有一个讲述了如何有效利用早晨时间的例子，大致就是说，利用煮牛奶的10分钟，可以完成洗漱。也就是说，同时执行多个任务，效率就提高了。单纯从时间上考虑的话，这种方法并没有错，但是忽略了人的因素，当一个人同时处理多个任务时，效率会更高吗？当然不是。

《精致生活》的作者萨曼莎·埃特斯曾经写过一本关于快速做事的书，她在书中指出，一个人面对多个任务，人脑就需要高速运转，在短时间内考虑多种执行计划，这可能会引起冲动和慌乱，对提高效率并没有好处。

为了避免拖延，人们都认为应该加快速度，提高效率，这固然没错，错就错在认为同时做几件事情就会高效。我们都只有一个大脑，如果几件事情同时挤进脑子，必然不如让大脑单一地处理一件事情更好。

由此看来，还是洛基特的那种方法比较好，保持处理任务的单一性，才能更好地提高效率。

当你处理好各种事情之后，必然会有一种轻松感，这种感觉可比拖着事情不肯做好多了。谁不想提高自己的生活和工作质量，获得一种轻松愉悦感呢？

用短短的1个小时把琐碎的事情都处理完，该有多惬意啊！

不得不拖延的时候，也要有成果

有些人在工作中会拖着重要的、有压力的事情不做，反而去做些不太紧急和重要的事情。我们其实可以用这种方法，来克服拖延。需要指出的是，这种方法不能帮助我们根治拖延，只是一种过渡性的手段。

有时候我们没办法静下心来投入到一项艰巨的任务中，那么是否就只能对着它发呆，让时间悄悄溜走吗？当然不能。虽然转而去做另一个任务也是一种拖延表现，但至少你的时间没有浪费。

毛毛接到了老板下达的任务，让她催缴欠款。按照规定，客户每个月要返款30%，可是有些客户总是推迟返款，导致公司回款特别慢。现在老板要她催缴欠款，真是为难，平时跟客户关系都很好，毛毛怎么也张不开嘴要钱，生怕得罪了客户，失去宝贵的人脉关系。可是迫于老板的压力，她决定打电话试试，至少要做做样子。

打了几个电话以后，她发现欠款少的客户比较容易同意回款,而欠款数额较大的则非常不好沟通。后来她找到了窍门,那些好说话的多催几次,不好说话的就先放着。这样一个月下来,公司有一半客户的回款达到了30%。

不好说话的客户先放一放,好说话的客户先搞定,这就是毛毛催缴欠款的诀窍。她集中精力攻克了好说话、欠款少的客户,这样她的工作即使算不上出色完成,但也完成了相当一部分,也就不会受到老板的责怪了。

为了克服拖延,我们不得不出此下策。这个月的工作任务非常繁重,想想就让人喘不过气来。为了不让自己彻底进入懈怠状态,可以找些简单的工作,先解决掉一部分。这总比发呆或者做无意义的事情要强很多。虽然困难摆在那里,不会自行消失,仍在原地等着你去做,但是你也没有浪费时间,而是扫清了一些障碍。但是你要知道不能一直逃避,还是要调整好状态,把困难的事情解决掉。

使用这种方法要注意:

1. 明确自己现在该做的那个任务。也就是知道自己正在拖延的那个任务。这很关键,如果你忽视了它,可能就会不把它当回事,真的就拖延了。我们的目的是暂时搁置一下,等精力充沛的时候完成它。

2. 在几项已经被拖延的事情中,挑选一个现在最该做的。习惯拖延的人,多数都拖延了不止一件事情,从这些被拖延的事情中挑选一件最该做的事情,完成它。

3. 马上就开始行动。为了不浪费时间,立刻就去完成那个替代的任务。

这种用其他任务代替当前任务的方式不是没有拖延,而是减轻了拖延，只是为了避免什么都不做，而暂时做一个替代。为此，必须再次强调指出，这种方法不能长期使用，否则，还是不能逃离拖延的怪圈，只是换了一个拖延的形式而已。

第十六章

在生活小事上培养干净利落的习惯

从生活小事入手改变自己

拖延者往往在生活的方方面面都会拖延，就连早晨起床、刷牙、洗脸、用早餐都会拖延。拖延简直成了生活中的蛀虫，把美好的生活一点点蚕食了。

生活上的拖延会影响健康。有些早晨赖床的拖延者，把早晨起床到出门之间的时间压缩得不能再压缩了，他们用秒来计算这段宝贵的时间。并且从来不会在家里吃早餐，如果时间宽裕，他们会在路上买一份，如果连这点儿时间也挤不出来，就饿着肚子工作一上午。

如果在个人卫生方面拖延，会严重损害个人形象。男士大约一个月理一次头发就能保证发型比较得体。如果一个需要经常见客户的男销售员，三个月没有理过头发，整天胡子拉碴、头发蓬乱，不光领导看他不顺眼，估计客户也会躲得远远的。

如果在吃饭方面拖延，可能会导致身体虚弱。那些早上起床困难的大学生，吃饭非常不规律，经常连食堂都懒得去，只用速食面或者其他零食充饥。长期食用这些缺乏营养的食品，不但会让人肥胖，还会营养不良。

一些生活小事的拖延，久而久之会带来严重的后果，我们必须从一点一滴做起，消灭生活中的拖延。我们最起码要做到在睡觉、起床、吃饭、个人卫生方面不拖延。

1. 在睡觉和起床方面不拖延。很多年轻人会有熬夜和赖床的毛病，晚上不睡，早上不起。造成这种情况的原因，通常是晚上有趣的事情比较多，而早上则要面对一天的工作学习。要解决这个问题，可以尝试把一些有趣的事情安排到早上起床后。比如有些人爱浏览购物网页，不如把这件事安排在起床洗漱之后，这样就会有足够的动力起床。而当晚上想着第二天还要早起浏览网页，也会催促自己早点睡觉。

2. 吃饭问题要认真对待，不可拖延。要解决这个问题，就要提高食物对人的吸引力。有些人对食物没什么兴趣，一到吃饭的时间就苦恼要吃什么。这时候，不妨想想自己很久没吃的东西，或者在平时常吃的东西里，想出一些不同的搭配，这样一来，自然会提起吃饭的兴趣。有些人是懒得做饭，这时候可以尝试一些新的花样，提高做饭的兴趣。

3. 在个人卫生方面要养成好习惯，不可拖延。拿简单的洗手来说，有些人就经常喜欢拖延，他们总是说"待会儿再洗吧"，结果待会儿他们就忘了，直接用脏手去拿吃的。这样的人不在少数，要想改变这些人在卫生习惯上的拖延，主要就是让他们明白讲卫生的重要性，不讲卫生不但对自己的健康不利，还会遭到别人的嫌弃。

对拖延者来说，如果能在生活上克服一部分拖延，也会在克服其他方面的拖延上树立起信心。先看看自己在哪些生活小事上拖延了，列个清单，贴在家里醒目的位置，提醒自己按时完成它们吧。

及时清理家中的杂物

很多人会有这样的经历,当屋子里出现了垃圾,当时想的不是马上清理掉,而是"明天再收拾吧"。第二天,他们还是懒得收拾,又想:"等过两天攒多了一起收拾吧。"就这样,屋子里的垃圾杂物越堆越多,越多就越不想收拾,最后屋子里堆满了乱七八糟的东西。这时候再想收拾屋子,很可能已经变成一件非常困难的事。

一个利落的家更容易打扫和整理,而一个到处堆满杂物的家则让人不知从哪里收拾才好。看看你的家里有这些东西吗?空饮料瓶子、旧报纸、旧杂志、已经损坏的电子设备、发票、收据、散乱的书和光盘、过期化妆品、购物包装袋或箱、很久没用的健身器材、已经穿坏的鞋子、不用的数据线,等等。

拖延者通常的表现是不会把这些东西及时清理掉,而是堆积在床头、案几、沙发等所有能堆积的地方,于是家里凌乱不堪。而没有拖延习惯的人,则会及时清理废品垃圾,将以后可能会用的东西收纳好,备用的和准备卖废品的各有各的地方,所以他们的家里总是干净整齐,不让那些没用的东西碍手碍脚。

那些不喜欢整理东西的拖延者，是不是可以这样做：把没用的东西都清理出来，处理掉。比如坏了的耳麦、旧报纸、没用的瓶子、空纸箱、包装手提袋、穿坏的旧鞋子、废纸、过期化妆品等。说不定，这次收集的所有废品在小区的废品收购站可以换回几元钱，可以用来买两瓶啤酒，庆祝一下。如果每周都能扔一次废品，是不是每周的餐桌上都能多一瓶啤酒呢？

如果家里有不再需要的书籍，你又舍不得扔，可以向孤儿院或者其他慈善机构捐赠，另外还可以在一些网站上出售二手图书和CD。

拖延者不但要认识到自己的问题，还要善于找到行动的乐趣。处理废旧物品也是非常有趣的事。

余新就是个不爱清理自己杂物的拖延者。他大学宿舍里乱极了，跟他同住的另外三个男生跟他一样，都是不整理房间的"大懒虫"。四个人在生活方面的拖延，一个比一个厉害。他们的衣服、鞋子和书籍堆得到处都是。要是想找到什么东西，犹如大海捞针。一次偶然的机会，余新发现很多同学喜欢买便宜的二手教材，于是新学期一开始，饱受杂乱之苦的余新便把宿舍里没用的书拿到外面摆起了地摊，还在校内网站发帖子出售他们宿舍的旧书和二手闲置物品。没出一个星期，他们宿舍那些闲置物品都被他卖出去了，狭小的宿舍一下变得无比宽敞，而且手头还多了一些小零钱。

余新在忍无可忍的情况下，把宿舍的闲置物品都出售了，不但能收获些零钱，还能清理宿舍。虽然这些收入不多，但对于要克服生活拖延的人来说，却在处理废品的时候获得了不小的乐趣。

如果你总是拖着不去处理家中的杂物，那么必须从现在起调动自己的积极性，让自己乐于为清理居住环境行动起来。

家务不可拖

我们见过的最乱的住所,大概是上学期间的宿舍。舍友们的东西经常到处乱放,只有在得到检查宿舍卫生的通知后,宿舍才会出现短暂的整齐,其他时间要多乱有多乱。现在的上班族很少有每天做家务的,有些人不免会为了做家务的事情,跟家人闹矛盾。爱整洁的母亲经常会教育邋遢的儿子"衣服不要乱丢""食品垃圾要及时清理",等等。

在家务上拖延的人,往往觉得这件事情不那么重要,结果家里杂乱不堪,等到不得不处理的时候,大堆的家务已经成了一个沉重的负担,让人望而生畏。

一些拖延者说:"我要么不做,只要开始了,就会都做完。"也就是说,在做家务的问题上,拖延者虽然对家务有些偏见或者讨厌家务,但是他们并不懒惰,因为"开始了,就会做到完"。看来,我们需要从观念上做些改变,打破那些错误认识并形成正确的认识,才能为做家务行动起来。

错误观点一:家是私人的地方,不会有人看见,乱一点也没关系。

家里确实是私人的地方，可是难免有人来家里做客，而且人们会根据家的整洁情况对一个人做基本的判断。这种判断往往也是有根据的，一个做事有条理的人一般不会忍受家中脏乱不堪。所以，如果有人到你家中做客，很可能会影响你在此人心中的形象。与其在他人面前尴尬，不如把家里收拾干净、整齐，这样就算是突然有客人造访，也不用担心了。

错误观点二：家里干净就行了，乱一点没关系。

干净当然是好事，可是乱也会给我们造成麻烦。如果家里太乱，什么东西都不知道放在什么地方，很容易造成时间浪费。下雨天找不到雨伞的心情肯定不会那么愉快。我们的居所应该整洁有序，什么东西都有指定的位置，才不至于手忙脚乱。

错误观点三：家务是家庭主妇的事，不用我干。

如今，很少有全职的家庭主妇，在城镇多数女性都有工作，在农村多数女性要兼顾农务劳动。如果把家务事都推给女性，这无疑很不公平，且负担太重。无论你是身为丈夫还是身为儿子、女儿，都要分担一部分家务劳动。试想一下，如果你的母亲或者妻子，下班后还要买菜做饭，做那么多烦琐杂乱的家务事，该有多累啊，日复一日的辛苦劳动，会让她对这个家满是怨气，还有什么幸福可言呢？

如果你有以上几点错误认识，现在该有些改观了吧！我们还要建立一些能够帮助我们克服家务拖延的观念：

1. 家务不必每天做，但至少要每周一次。周末休息，我们的家务事也可以利用周末完成。一般的单身公寓只要每周花上2个小时，就可以把换床单、洗衣服、打扫厨房、擦地等事情处理完。而一般的三口或者四口之家，如果有家人一起分担，应该不会超过3个小时就可以做完。完成这个任务并没有想象的那么难。如果一边打扫，一边给自己放些轻松的音乐，就更能缓解家务带来的枯燥感了。如果全家约定好打扫完一起去看电影或者购物，劳动起来会更愉快。

2. 做家务也是运动。很多拖延者，已经习惯于饭后犯懒，从来不运动。而如果每天晚饭后，做些家务劳动，正好相当于进行了饭后运动。家务劳动活动量不大，作为饭后的消化运动，再适合不过了。

3. 每个家庭成员都应该有自己的家务分工。根据家庭成员的情况，做些家务分工是个好方法。如果拖延的你从来没有分担过家务劳动，现在应该找些力所能及的事情开始做。比如擦地、洗衣服等。

带着这些新的观念，投入到家务劳动中，你就再也不用怕突然造访的亲戚或者朋友，更不会手忙脚乱地找某样东西。

克服储蓄拖延，想办法存钱

相信不少人都有这样的想法："这月发了工资以后，留出一部分钱存起来。"而其中有相当一部分人，几个月过去了，一分钱也没有存下。只有极少数人，能够克制欲望，为了长远计划开始攒钱，即使每个月存下来的不多，但是他们能够坚持，最终也能积少成多。

那些存不下钱的，多数并非工资不够高，也并非钱不够花，而是消费的欲望让他们把存钱的计划一拖再拖。每当发现了自己想买的东西的时候，他们就会说服自己："这次少存点，下次多存点。"这种想法出现几次之后，这个月的工资就花光了，一分钱也没剩下。然后下个月又是重复这样的情况。他们并非没办法存下钱，只是把储蓄的计划一直拖延下去。在所谓的"月光族"人群中，这样的人占了很大一部分。

当看到跟自己同等收入水平的人开始买房子、车子，或者投资的时候，这些人才开始纳闷："他们是怎么做到的呢？"储蓄拖延的人这时候才如梦初醒：工作这么久了，我都干了些什么？

我该怎么办？

有人寄希望于记账单。可是记账单并不能减少购物欲望，它不能直接帮助人们养成良好的储蓄习惯。不过，这个方法虽然不能消除购物欲望，但是它能告诉我们"钱去哪里了"。对一份清楚的记账单稍作分析，就能看出大笔的开支都出在什么地方。找到钱的"出口"，我们就可以在如何堵住它上下些功夫了。

我们发现以下几项开支较大：

1. 电子产品是消费大项。一些刚刚开始工作的年轻人往往会花好多钱买一个昂贵的手机或者平板电脑。想一想，你真的只能买贵的，而不能选择一个价格便宜的，好让自己存上两千块钱吗？当然不是，要是你调整观念，买一部便宜手机，你的账户可能就多一些存款了。

2. 一些年轻女性上班族，大额的开支都用来买时装了。虽然"人靠衣装马靠鞍"，但我们有必要把大部分收入都花在身上吗？当然不是，一个人的衣着要与身份相符，穿名牌也不代表你的身价会提高。而有些人追求的是有内涵，即便是普通价格的衣服穿在这样的人身上也会别有一番风韵。重要的是，这样做可以省下一部分钱，早日实现储蓄目标。对于收入有限的人来说，这是非常聪明的做法。女性爱美，愿意在穿着上消费本无可厚非，但是要针对自己的收入情况，量力而为，不要只追求名牌，让自己存款告急。

3. 钱都用于吃饭、唱歌等应酬上了。年轻人喜欢热闹，更喜欢交朋友，但是如果在吃饭、唱歌等应酬上花钱没有节制的话，这个问题就严重了。一个月的工资就这样没了，正经事儿却没有办。正常的交际的确是要花一些钱，但是花多少钱合适，就要根据自己的收入来定，不能没有节制。

如果你开始了记账，那么就可以很轻松地完成查找"出口"的步骤了；如果你还没有记账，那么看看自己近几个月买东西的账单，也可以得出结论。

知道自己的钱花到哪里去了之后，我们就可以针对自己的消费习惯，做出改变。这是关键的一步，没有这一步，就很难存下钱来。这也是最难的一步，因为要抑制消费欲望，这是对一个人的意志力的考验。如果你的意志力够坚决，那么你就能成功。可问题在于，拖延者往往不是意志力坚强的人，他们容易冲动。

因此，为了和薄弱的意志力斗争，拖延者可以借用外力，完成存钱的步骤。

第一，把钱交给家人管理。我们小时候都有一个存钱罐，里面放着面值不等的钞票，大额的可能是压岁钱，小额的是零用钱。我们很少能自由地支配大额的钱，因为父母会帮我们管理这部分钱，一般在你的要求合理的情况下，才能支配大额的钱。现在我们就是要用同样的方法，克制自己的消费欲望。把钱交给家人，自己只留下日常开支，当你想买贵东西的时候，要向家人提出申请，并说出一个非常有说服力的理由。

第二，把钱存进一个不能自由支出的账户。因为不方便，所以也可以减少开支，对喜欢网购的朋友来说，这个方法是有效的。

以上两种方法虽然有帮助，但不能从根本上解决储蓄拖延的问题。最好是一边借助外力管理自己，一边着手建立正确的消费观念。你可以根据自己的收入，把所有的消费项目分类，每一类应该占有什么样的比例，把这些都规划好。按照规划消费和储蓄，你的储蓄拖延就克服了。

按时缴费、还款

现代生活中的账单非常多，有些账单不及时支付，后果非常严重。因此拖延者在这方面尤其要提高警惕，养成按时支付账单的好习惯。

租房子要按时交租金，贷款买房子要按时还贷，还要缴纳物业费、水电费、煤气费、有线电视费、宽带费、电话费、手机费、交通罚单，等等，数不胜数，可忘记其中哪一个都会带来不同程度的损失。

程昱最近刚刚缴纳了一笔带有滞纳金的宽带欠费，说起这件事情，他就后悔不已。原来2007年，他初到北京工作，跟朋友一起合租房子，他申请了后付费宽带服务，每个月125元的服务费。后来由于工作调动，他搬走了，但是朋友继续使用以他的名义申请的宽带。他知道应该去做销户或者过户给朋友，可是他总是觉得晚一点没关系，就这么一直拖了下去。后来他得知朋友也搬走了，就想去给这个宽带账户办理缴纳欠款和销户的业务。但他还是觉得晚一点没关系，于是又拖了下来，没有行动。虽然有时候他也还会记起该办这件事，可就是没去。时隔6年后，他去办理手机业务，服务人员告诉他，他已经被列入了黑名单。这时候他才知道他那个没有注销的宽带账户欠款的滞纳金已经高达3000多元了。

程昱因为拖延处理宽带欠款，让小账单变成了大账单。如果他及时去营业厅缴纳费用和注销账户，就不会给自己带来经济损失。我们应该吸取这个案例的教训，千万不要对账单掉以轻心。如果拖延的是信用卡还款，不但会造成经济损失，还会造成信誉损失，影响以后办理贷款等。

有时候我们根本记不住自己需要支付哪些账单，有时候我们没有时间处理账单，有时候我们觉得跑一趟银行或者某个营业厅太麻烦了，导致这些账单没有及时处理，可是无论出于什么原因，欠款的后果都很严重。

为了防止因为拖延缴费造成的损失，我们可以对各项需要缴费的业务做一个专门的记录。记录一定要全面，不能遗漏。从家庭项目到个人消费项目，全都囊括进去。每个月固定在1号或者5号检查该账单，需要缴纳费用或者还款的项目，必须抽出一天时间去办理。我们可以把记录写在台历上或者手机上，以免忘记。

现在，缴费已经不是什么麻烦事儿了，手机银行和网上银行都能帮我们处理一些小账单，只有必须去银行或者某营业厅办理的缴费才需要你专门跑一趟。

我们要想办法克服这方面的拖延，千万不要抱有侥幸心理，认为一个账单没有什么大不了的，这种想法总有一天会给你带来大麻烦。

购买生活用品的一些建议

拖延者在购物方面也会拖拖拉拉,虽然不会造成大麻烦,但也会影响生活。

你有没有早晨洗漱的时候,才发现牙膏已经挤不出来了?有没有正做着饭,才发现家里没有食盐了?要不就是一次买了太多看着好玩但不实用的生活用品?如果以上情况在你身上发生过,那你也是个需要规范购物习惯的拖延者。

拖延者在生活购物方面的拖延主要表现为两点:第一,该买而没及时买,到了需要用的时候才发现东西用完了。拖延者往往嫌购物麻烦,生活上马马虎虎。第二,买了很多东西,但多是不需要或不实用的。注意力容易分散是拖延者的一大弊病,他们很容易被一些新奇的广告或者促销吸引,买一些看似有用实际无用的东西,而真正需要的东西,却没有买。

针对这两种表现,我们可以提供一些建议:

首先,一般说来,我们不应等生活用品用完才考虑去买,而应在即将用尽的情况下就买回来备用。现在网购非常发达,很多人喜欢在网上购物，这样省时省力，但是时间不能保证。如果物流快，可以及时收到商品，倒还可以，而一旦物流出现问题，就会耽误使用。所以我们最好提前一周或者十天购买，以防万一。

一些很好的购物习惯，可以供购物拖延者参考。有些人喜欢定期买生活用品，一次就买三个月或者半年的。比如香皂够半年用，洗衣粉、洗衣液、牙膏、卫生纸等等都为半年的用量，就可以同时购买，这样就可以免去单个购买的麻烦。而食品则可以每周购买一次，除了做饭的调料以外，水果、蔬菜、肉等都可以每周购买一次。做一个购物清单，只要发现家里某样东西该买了，就写在清单上，去购物的时候照单购买就可以了。

其次，买东西前要了解商品的性能和使用方法，买生活用品，主要考虑实用性，而非新奇性和趣味性。现在超市里的促销活动非常多，不是送赠品，就是搞特价。拖延者们往往抑制冲动的能力欠缺，而导致买了不必要的东西。

面对商家的促销活动，必须让自己变得警惕，不能一看很便宜，就看也不看直接下手。这样冲动的消费，买到的往往都是用不着或者不实用的东西。

拖延者也可以用购物清单法克制自己的购物冲动。带着清单去购物，严格根据清单购买，不买清单之外的东西，对自己不了解的东西更不去买。如果清单外的一件商品非常吸引你，最好问问自己："它对我真的有用吗？""我家里缺这个吗？""适合我家里使用吗？"

在购买生活用品方面，我们提供给拖延者的建议并不多，但是只要你能按照这些建议去做，就能有所改观。

第十七章

休息和娱乐很重要

有时候，拖延是因为精力不足

我们没有无限的体能和精力，不得不屈服于有形的身体。当感到疲劳的时候，想要休息一下，养精蓄锐，这本是无可厚非的。

精力危机会导致很多问题，比如对工作产生厌烦情绪，意志力降低，判断失误，等等。在这种情况下，很难信心十足、斗志昂扬地完成工作任务，你甚至会觉得一切都很麻烦。

不过我们也可以凭借常识和对自身的了解，避免精力危机的发生，让工作顺利完成。

困难的工作如果拖到一天中最疲惫的时候做，被拖延的可能性就会变大。在一天中精力最充沛的时候做最重要的事情，这是常识。

通常人们认为上午是高效的。如果一个人早上7点起床，他的高效时段可能是上午10点到下午2点之间。如果这个时候能集中处理较难的工作，效果会非常好。在长达数小时的工作中，如果能抽出20分钟稍稍休息一下，可以有效减轻疲劳感。

用下午的大部分时间处理那些不太费脑子的杂事吧。有人吃过午饭就想打瞌睡，有些人会在下午3点左右感觉到疲倦。一般说来，时间越晚，大脑的创造力就会越低。不过这一点你需要考虑自身的情况，有些人越晚越有精神，据说鲁迅就是在晚上写作。你需要了解自己的生物节律，并做出合理的工作安排。

在精力危机方面，我们不得不说一说那些不好的习惯。有些人喜欢在疲惫的时候，用香烟、咖啡或者茶来提神，弥补精力不足。这在短期内是有效的，可是使用的次数越多，效果就会越差。偶尔喝一次浓茶会让你头脑清醒，一直工作到深夜也无睡意，而长期饮用浓茶就会失去这种效果，还有可能让你的睡眠质量下降。有些人为了保证晚上能按时入睡，喜欢喝点酒。少量的酒精确实能帮我们睡个好觉，不过要是没能控制好量，变成宿醉就麻烦了。

不过我们的精力是可以再生的，休息和调节都能起到很好的作用。如果你认为自己的拖延是由于精力危机而引起的，可以采用以下方法克服。

1. 科学地分配精力，在最高效的时段处理最复杂困难的工作。

2. 不要忘记吃饭的时间。饿过头了才吃饭，会在饭后产生疲倦感。

3. 适当地进行体育锻炼，提高自己的体能。

4. 保证正常而且规律的睡眠。睡眠不足会导致精力缺乏，注意力不集中等问题。没有人能在困倦的情况下集中精力做好事情。

5. 把工作分配给下属。如果你是一个领导，就该知道不是所有的事情，都该由你一个人承担，把任务适当地分配出去，是你应该做的事情。

  6．感觉到疲倦，就停下来休息一会儿。

  7．承认自己不是万能的。对别人的请求或者超负荷的任务说不。

走出"越拼命,越拖延"的怪圈

在克服拖延的道路上,有人不小心就会走向另一个极端,就是加班加点地赶工,完全忽视了正常休息。可适当休息并不等于拖延,而是为了更好地投入到工作中。

很多试图克服拖延的年轻人会出现这种问题,他们利用休息时间工作,以为只要拼命干活就是不拖延。

小强为了克服拖延的习惯,痛下决心,决定在一周之内把手头的工作都处理完。从周一开始,他就全身心地投入到工作中,起早贪黑,每天只睡四个小时。可是,一个星期后,他发现自己完成的很多工作都有纰漏,需要重新修正。结果不但没有提前完成任务,还超出了时间期限。他很沮丧,更糟糕的是,由于上一周透支精力,他的身体没能得到休息,这一周他感觉自己浑身软绵绵的,整天一点精神也没有。这让他的工作效率直线下降,手头的事情开始堆积起来。

小强就是因为过度纠正拖延，而走向了另一个极端，忽视了正常的休息，虽然他完成了很多工作，可也出现了不少的纰漏，结果照样是延后了工作进度。毫无疑问，持续的高强度的工作会导致效率变低，工作质量变差。即使工作完成了，恐怕也很难让人满意。

不休息会导致工作效率降低，这是变相拖延。在引发拖延的各类因素中，疲劳居首位。将近30%的人认为自己拖延的原因是没有精力投入到工作中。因此，尽管加班加点换来的是完成了眼前的任务，却导致了疲劳拖延。即使你依然在工作，效果也不会好。如果一个作家正常情况下每天能写5000字，突然有一天他加班加点地写了8000字，可能第二天就会由于疲劳一个字也写不出来，这就是一种变相拖延。因此，最好的方法是让自己在可承受的强度下工作，而不要忽视正常的作息时间。

不休息会导致意志力变弱，从而无法抑制拖延的冲动。当感觉筋疲力尽的时候，自控能力会变低，这时候一个很小的困难都可能导致你放弃，而这个时候如果你需要做决定，可能已经失去了决策的信心。比如，对工作中突然出现的难题，一般的反应是分析原因和找到办法。可如果经常加班到很晚，已经累得没有一丝力气，突然遇到一个难题，则可能觉得它简直就是特意来折磨你的，于是就会拖着不去解决。

劳动时间过长或者劳动强度过大，就会导致身体变差，这也是引起拖延的一个重要因素。劳动强度过大，时间过长，就会形成亚健康，甚至导致各种慢性疾病，更有甚者会过劳猝死。一旦身体变差，本来能做的事情也不能做了，结果不得不拖延。久坐着工作的人，一般都缺乏运动，使健康受到威胁。日常的小病小痛，我们往往不重视，当积劳成疾，形成大问题的时候就为时已晚。牺牲休息时间用来工作，得不偿失。

克服拖延很重要，但身体健康更重要。我们不需要把自己搞得筋疲力尽，更不能把身体搞垮。只有保持旺盛的精力和健康的体魄，才能做更多的事情，承担更大的责任。我们必须认识到，只有储备好能量，并合理地安排工作和休息，才是最佳的选择。我们提倡的是合理地克服拖延，当面对无休无止的工作时，必须协调好休息和工作的关系。适当休息不是拖延，而是为了战胜拖延。

想拖延的时候,就去运动吧

运动可以改善一个人的状态,虽然它不能直接治疗拖延症,但是可以让你的身心保持活跃,有精力去处理好自己的事情,让自己更加积极地行动起来。

一个拖延者常常处于精神麻木的状态,不仅缺乏自信,还会感觉到压抑。运动可以使人放松精神。一个情绪压抑的人,如果能出去跑跑步或者去健身房出一身热汗,会感觉轻松很多。

运动还有利于活跃大脑。运动过后,血液加速循环,很快就会回流到大脑中,激发大脑的学习能力,让你的思路更清晰,认知更灵活,记忆力更强。

我们可以用运动来调动自己的情绪和脑细胞,遏制拖延。

第一,做完运动,再处理复杂的问题。当遇到棘手的事情,感觉力不从心,难以决断的时候,可以先去做运动。锻炼之后的一个小时内,你的头脑会非常清醒,趁这个机会,马上投入到那个复杂的问题上去。

第二,感觉到没有头绪,没法做事的时候先运动一会儿。当你发现自己做事毫无效率，忙了半天一点进展也没有，多半会感到受挫，这时候你可以去楼下散散步，或者干脆在室内原地跑上十几分钟。这比休息或者吃一份冰激凌更好，因为运动能让你的血液流动起来，对接下来集中精力做事情非常有帮助。

第三，利用徒步时间，考虑一下很久以来一直被你拖延的事情。徒步是一项非常好的运动，走在路上你会感觉心情非常舒畅，能让你的大脑非常清醒，你可以利用徒步的时间想想那些之前一直不愿意想的问题。

第四，经常锻炼大脑。大脑跟肌肉一样，也需要锻炼。当你做一些智力题或者打桥牌时，你会全神贯注迎接挑战，这会让你的大脑在更高的层面运作。一些研究人员早就证明了在人的一生中，大脑在任何时期都具有可塑性。特别是人们在完成听觉和视觉任务时，大脑的运转速度和精确性会非常高。因此，我们可以学习一门外语或者玩一些智力游戏经常锻炼一下大脑。

虽然运动可以带来改变，有助于克服拖延，但是很多人却不喜欢运动。事实上运动并没有那么难，你可以重新理解一下"运动"的概念。穿一双舒适的鞋子在小区的健身器械上活动活动筋骨也算是运动。只要亲身体验一下，就会知道运动的好处。另外，你也可以重温小时候的记忆，小时候我们都曾玩过很多运动游戏，比如踢毽子、跳绳等，这些乐趣都可以重新找回来。经常性的运动会让你感觉劲头十足，做起事情来不容易因疲惫而放弃。

运动可以调节情绪并强化大脑，这样你就可以有精力在拖延的那些事情上做出努力，也才有力量对抗拖延症。

计划一次旅行，不要嫌麻烦

生活上的拖延者们非常容易犯懒，任何生活琐事都被他们视为麻烦事，哪怕只是去楼下扔一次垃圾，或者买一次早点。他们每到休息日就赖在家里，睡睡懒觉，看看电视，这就是他们全部的假期活动了。有时候他们也会计划一下户外活动，但是早上躺在温暖的被窝时，那些活动计划就又被拖延了。

如果上面说的那个人就是你，那么你就要想办法让自己动起来。怎样才能让自己动起来？不如去做一次旅行，这样就可以克服相当一部分"嫌麻烦"的心理。

在拖延者眼里，旅行就意味着麻烦。他会想到准备行装、买机票、赶路、购物等，这些事情会让他完全忽略快乐和新奇。但是如果能走出去，那就相当于在心理上战胜了这些"麻烦"，并且成功迈出了克服生活拖延的第一步。

我们的生活需要一些改变，旅行就是一种很好的体验。当为自己的出行做了很多事情，并充分领略到旅行的乐趣时，你会发现应付一切"麻烦"都是值得的。

其实，旅行并不会耗费我们太多的体力和精力。现在旅游景点非常多，无论你在边疆还是内地，找到不错的景点并不难。如果你在大城市闷得久了，去找个农家院住几天也不错。而且现在经济条件好的人越来越多，很多人有条件自己开车去，约上三五好友来个自驾游，一路说说笑笑就到目的地了。如果选择公共交通，网上订票更是手到擒来，往返车票可以一次买齐，非常方便。

很多人觉得有时间去旅行，不如多做点工作。但其实旅游并不意味着影响正常工作。说到旅行，拖延者的一个借口就是游玩过后的疲惫会影响工作。在他们看来，出去旅行就是东奔西跑，去各个景点打卡，行程非常紧凑，免不了舟车劳顿，疲惫不堪。其实，这首先是个认识上的错误，想去哪里玩，在那里待多久，完全是可以自主决定的，不必随大流搞得自己很疲惫。本来旅行就是为了放松的，如果搞得更紧张了，那就本末倒置了。其次，出去游玩，耗费体力在所难免，但你可以给自己安排出休息的时间啊。比如，休息日为五天，可以安排三天或者四天来旅行，剩下那一两天就可以休息了。如果只是周末休假，可以在周六出行，周日休息。要是只有一天休息时间，那就可以做一次郊区骑行，下午3点之前回家休息一下，也不会影响第二天正常工作。总之，我们可以留出一部分休息时间，让自己能够缓解旅行疲劳就可以了。

当你能从繁复的工作中脱离出来，踏上旅程，很快就会发现心里无比轻松，与之相比，计划旅行的麻烦都不算什么。而当你沉浸在美景之中，更是很快就能忘记曾经的纠结。那些纠结的情绪仿佛是散去的乌云，再也不会影响你的心情。

事实上，所有的"麻烦"都会带来一定的收获。下楼去买一次早点，就可以不用饿肚子。到楼下扔垃圾除了能让居室变整洁，还能顺便散个步，呼吸一下新鲜空气，肯定比闷在家里要舒服。

生活不只是麻烦，所有的美丽都藏在麻烦的背后。为了克服这种怕麻烦的心理，为自己安排一次旅行吧，制订一个出游计划，然后走出家门，完成一次旅行。

高高国际

拖延心理学

出品人	高　欣	品牌运营	孙　莉
出版统筹	孙广宇	销售总监	彭美娜
执行编辑	陈　静　万雄飞	营销编辑	王晓琦
装帧设计	龙　柒	版式编辑	周　芳
制作编辑	李　雁		

微信公号 | 高高国际
天猫旗舰 | 高高图书专营店
读者服务 | gaogaosky@163.com
直销服务 | 010-65709800

本书版权受法律保护，未经权利人许可，任何人不得以任何形式翻印、盗印或使用本书包括正文、封面、插图、版式等任何内容，违者必究！

法律顾问 | 北京东合律师事务所 郝云峰 律师